Naturkosmetik selber manchen

125 Simple Rezepte

zum Kosmetik Selbermachen,

dies spart Geld,

schont die Tiere

und die Umwelt.

Autor.: Lara Schön

Inhaltsverzeichnis

Tipp und Hinweise:	1
Cremerezepte	2
Allrounder – creme	2
Bienenwachs Handcreme	4
Kokos-Creme für fettige oder Mischhaut	6
Ringelblumen-Creme als Wundcreme	7
Ringelblumen Tages- und Nachtcreme	8
Ringelblumencreme Baby- und Kindercreme	10
Harnstoff- ,Meersalz- creme (z.B. bei Schuppenflechte)	11
Erfrischende Tagescreme	12
Reichhaltige Nachtcreme	14
Bodycreme	15
Lotions	17
Bodylotion	18
Salbenrezepte	20
Wetterschutzsalbe	20
Ringelblumen Salbe	21
Erkältungsbalsam	22
Erkältungsbalsam für ältere Kinder und Jugendliche	22
Lippenpflege	23
Lippenbalsam für trockene Lippen	23
Variante mit Honig	24
Variante ohne tierische Zusätze	24

Variante mit Pigmenten	24
Lippenpflegestift	25
Augenpflege	26
Gelrezepte	28
Liposomengel	28
Anti Aging ohne chemische	29
Hyalurongel	29
Reinigung, Deo, Masken und Körperpflege	30
Reinigung	30
Gesichtswasser	30
Pflegende Reinigungsmilch	31
Reinigungs-Gel	32
Reinigungsgel für wasserfeste Schminke	33
Zahn-Gel	34
Individuelles Zahngel ohne Fluor	34
Zahn-Gel	34
Enthaarung	35
Haarentfernung mit "Zucker-Warmwachs"	35
Rasieren	36
Rasierseife	36
Aftershave Balsam I	37
Aftershave Balsam II	38
Masken	39
"Obst und Gemüse"	39
Avocadomaske	39
Gurken - Maske	40

Gesichtsmaske für einen frischen Teint	41
Reichhaltige Maske,	41
Quark- Honig -Maske	41
Bienenhonig	42
Bei fettiger Haut	43
Propolis – Maske	43
Honig- Tomaten-Maske	44
Karottenmaske	44
Bei trockener Haut	45
Honig - Bananen- Maske	45
Sonstige Masken	46
für heiße Tage eine Kühle - Masken mit Agar Agar	46
Rosenblütenwasser	47
Ringelblumen - Maske	48
Straffende Honigmaske	49
Kalt gerührte Eigelbmaske	49
Peeling	50
Handpeeling	50
Handpeeling mit Seifenflocken	50
Heilerde Peeling-Maske	51
Mandel-Peeling	52
Gesichts - und Körperpeeling	52
Körperpeeling	53
Deo	54
Deo Roll-On	54

Hamamelis Deo Spray	55
Einfaches Deo Spray mit Smell Free oder Odex	56
Deo Spray mit Farnesol	57
Ganz einfaches Deo mit Wasser	58

Kopfhaut und Haarpflege 59

   Shampoos 59

      Grundrezept Shampoo 59

      Shampoos mit Guarkernmehl statt Rewoderm 60

   Pflegestoffe: Shampoo für normales Haar 61

   Pflegestoffe: Anti-Schuppen Shampoo 61

   Kindershampoo 62

   Shampoo für normales und feines Haar 63

   Trockenshampoo 64

   Zuckertensid - Wascherde -Shampoo 65

   Spülungen 66

      Cremespülung für normales Haar 66

      Cremespülung für trockenes, störrisches Haar 67

      Cremespülung für sehr feines Haar 68

      Cremespülung bei Schuppen oder Läusen 69

   Spülungen aus Küche und Garten 70

      Festigende Honigspülung nach Stephanie Faber 70

      Bierspülung 70

      Reiner Apfelessig 70

      Birkenblätterspülung 71

Packungen	72
Fluid - Repair- für mehr Volumen und Spannkraft	72
Propoliskur für fettiges Haar	73
Packungen aus Garten und Küche	74
Sesamöl bei Schuppen strohigen Haaren	74
Mayonnaisen-Packung bei schlaffen Haaren	74
Honigpackung mit Ei und bei trockenen Haaren	75
Avocadopackung bei splissigem, angegriffenen Haar	75
Aloe Vera mit Avocado Packung für trockenes Haar	76
Öl - Bananen Packung	76
Tönungen	77
Rhabarberwurzeln für blondes Haar	77
Der Klassiker: Kamille für blondes Haar	78
Shampoos - werden zu Farbglanzshampoos	79
Kaffee für dunkles Haar	79
Walnuss für alle Haare	79
Hennaextrakt für rote Haare	79
Haarspitzen	80
Haarspitzen Gel	80
Splisskur mit Henna	81
Haarwasser gegen juckende Kopfhaut	82
Styling	83
Festiger-Gel "Starkes"	83
Haarspray	84

Baden und Duschen	85
Badezusätze	85
Sahnebad	85
Rückfettendes Schaumbad	86
Duschzusätze	88
Öl - Pfleg	88
Badesalz	89
Massage	90
Massageöl gegen Cellulite	90
Sonnenkosmetik	91
Erfrischung	91
Body Splash	91
Fußspray mit Menthol	92
Sonnenschutz	93
Sonnenschutz Rezepte	93
Mineralische Sonnenschutz Lotion, LSF 15-20	93
Wasserfeste W/O Sonnencreme LSF ca. 7/8	95
Ölgel	97
After Sun	98
Aloe Vera Spray	98
After Sun Spray ohne Öl	98
Pflegende After Sun Lotion	99
After Sun Öl	101
Selbstbräuner	102
Erfrischende Selbstbräunungscreme	102
Lippenpflege ohne Chemie	104

Lippenpflegestift Sunblocker	104
Fester Lipgloss mit Sonnenschutz	105
Flüssiger Lipgloss Roll-On mit Sonnenschutz	106
Fester Lipgloss	107
Flüssiger Lipgloss	108
Haarpflege	109
Sonnenschutz Haarspray	109
Schminke	110
Make-Ups	110
Grundrezept Pigmentpaste	110
Deckende Pigmentpaste	111
Make-Up	112
Deckendes Make-Up	112
Getönte Tagescreme	113
Mascara und Eyeliner	115
Puder und mehr	117
Grundrezept Gesichtspuder	117
Rouge	118
Lidschatten in erdigen Tönen	119
Pastellfarbener Lidschatten	119
Kinder- und Karnevalsschminke	120
Schnelle Perlglanz Schminkcreme	120
Schnelle Schminke mit normalen Pigmenten	122
Schminkstifte	123
Perlglanzstifte	123
Schminkstifte mit "normalen" Pigmenten	124

Glitzerndes Festiger-Gel	125
Glitzerndes Festigergel	125
Buntes Haarspray	126
Hausapotheke	127

Bevor Sie die Nachfolgenden Vorschläge verwenden halten Sie Rücksprache mit Ihrem Arzt und Apotheker ich haftet für keine nachteiligen Auswirkungen, die in einem direkten oder indirekten Zusammenhang mit den Informationen dieses Ratgebers stehen. 127

Mückenschutz	127
Kokosöl:	127
Selbstgemachtes Anti-Mückenspray	128
Spitzwegerich Extrakt statt Wasser:	129
„Erste Hilfe" bei Stichen:	130
Heilerde:	130
Desinfektion:	131
Nasenpflege	131
Grundrezept Salzsohle	131
Nasenspray	132
Zahnfleischgesundheit	132
Mundspülung	132
Öl-Gel für die Zahnbürste	133
Kombination mit Zahnpasta	133
Husten Saft	133
Essig-Honig Saft	133
Zwiebel-Sirup	134
Thymian-Tee	134

Stärkt Herz und Kreislauf. 134

Ohrenschmerzen 135

Blähungen 135

Rechtliches 137

Disclaimer 139

   Bevor Sie DMSO verwenden halten Sie Rücksprache mit Ihrem Arzt und Apotheker 139

-Alle Inhalte dieses Ratgebers wurden nach bestem Wissen und Gewissen verfasst und nachgeforscht. Allerdings kann keine Gewähr für die Korrektheit, Ausführlichkeit und Vollständigkeit der enthaltenen Informationen gegeben werden. Der Herausgeber haftet für keine nachteiligen Auswirkungen, die in einem direkten oder indirekten Zusammenhang mit den Informationen dieses Ratgebers stehen. 139

Tipp und Hinweise:

Erwärmen sie in einem Wasserbad, in zwei kleineren Gläsern oder kleineren Schüsseln die Zutaten für die jeweiligen Phasen zur gleichen Zeit.

Verwenden Sie zum Abmessen am besten eine digitale Küchenwaage die Gramm (g), Millimeter (ml) abwiegen kann.

Achtung! Empfindliche Personen sollten zunächst in der Armbeuge ausprobieren, ob sie die Wirkstoffe auf der Haut vertragen.

Wenn Sie etwas im Alkohol auflösen sollen, verwenden Sie z.B. Kosmetisches Basiswasser oder Weingeist.

Cremerezepte
Allrounder – creme

Für Trocken und Reife Haut und für Trockene Haare

Zutaten:

Für Phase A

- 45 g Öl, sehr gut sind je 15 g Aprikosenkern-, Sesam-, und Avocadonöl
- 15 g Cetylalkohol (zuerst in Öl lösen)
- 15 g Emulsan
- 4 g Kakaobutter
- 4 g Shea Butter

Für Phase B

- 190 ml Wasser für die Wasserphase
- 1,3 ml Silkprotein
- 2,5 ml Vitamin E Acetat
- 4,5 ml D-Panthenol
- 12. Tr. ätherische Öle, z.B. Rosenholzöl oder auch Rosenöl, äth.

Konservierung: 35 Tr. Grapefruitkernextrakt oder Rokonsal

Auf Wunsch kann man 5 Tr. Carotin Öl Sanddorn- oder Fruchtfleisch Öl sowie Pro Vit A hinzufügen.

So wird es gemacht:

Zuerst den Cetylalkohol im Öl lösen, dann Emulsan und danach Kakaobutter und Shea Butter einfügen. Die Masse mit Wasser auf 64 - 67 °C unter ständigem Rühren cremig rühren. Bei Handwärme die weiteren Zusatzstoffe hinzufügen. Als letztes das Konservierungsmittel jetzt

sehr gut verrühren.

Haltbar ca. 2-3 Monate.

Bienenwachs Handcreme

Für alle Hauttypen, besonders gut geeignet für trockene Haut

Zutaten:

Für Phase A

- 20 g Oliven-, Sesam-, oder Distelöl
- 3 g Cetylalkohol (zuerst auflösen)
- 9 g Tegomuls
- 6 g Bienenwachs

Für Phase B

- 90 ml abgekochtes Wasser
- 2,5 ml D-Panthenol 75 %
- 22 Tr. Vitamine wie z. B. Pro Vit F
- 32 Tr. Aloe Vera 10-fach
- 12 Tr. Alpha Bisabolol
- 22 Tr. Silkprotein
- 1 Msp. Harnstoff oder Allatoin
- 7 Tr. Rosenholzöl, Lavendelöl, oder anderes ätherisches Öl für den Duft

Konservierung: 15 Tr. Paraben K oder Grapefruitkernextrakt/Rokonsal

So wird es gemacht:

Zuerst den Cetylalkohol im Öl bei 64-67 °C lösen, dann die restlichen Stoffe der Phase A einmischen.

Ebenso heißes, abgekochtes Wasser unter ständigem Rühren einrühren. Bei Handwärme die restlichen Zutaten der Phase B hinzugeben.

Die Creme wird erst beim Kaltrühren cremig!

Haltbar ca. 2-3 Monate.

Kokos-Creme für fettige oder Mischhaut

Zutaten:

Für Phase A:

15 g Kokosöl

2 g Cetylalkohol (zuerst auflösen)

- 4 g Tegomuls
- 4 g Lamecreme
- 5 g Shea Butter

Für Phase B:

- 75 ml abgekochtes Wasser
- 2,5 ml. D-Panthenol
- 6 Tr. Alpha Bisabolol
- 3 ml Vitamin E Acetat

So wird es gemacht:

Konservierung: 12 Tr. Rokonsal / Grapefruitkernextrakt

Zuerst den Cetylalkohol im Öl bei 64-67 °C lösen, dann die restlichen Stoffe der Phase A einmischen.

Ebenso heißes, abgekochtes Wasser unter ständigem Rühren einrühren. Bei Handwärme die restlichen Zutaten der Phase B hinzugeben.

Haltbar ca. 2-3 Monate.

Ringelblumen-Creme als Wundcreme

für junge und empfindliche Haut, eine Wundercreme die bei vielen oberflächlichen (nicht offenen) Hautproblemen hilft Ausschlägen jeglicher Art.

Zutaten:

Für Phase A

- 16 g Calendula Öl
- 6 g Cetylalkohol (zuerst in Öl lösen)
- 6 g Emulsan

Für Phase B

- 67 ml Wasser
- 1,3 ml D-Panthenol
- 16 Tr. Alpha Bisabolol
- 3 Tr. Lavendelöl (entzündungshemmend und beruhigend)

Konservierung: 10 Tr. Rokonsal /Grapefruitkernextrakt oder Kaliumsorbat /Grapefruitkernextrakt oder Paraben K.

So wird es gemacht:

Zuerst den Cetylalkohol im Öl bei 64-67 °C lösen, dann die restlichen Stoffe der Phase A einmischen.

Ebenso heißes, abgekochtes Wasser unter ständigem Rühren einrühren. Bei Handwärme die restlichen Zutaten der Phase B hinzugeben.

Die Creme wird erst beim Kaltrühren cremig!

Haltbar ca. 2-3 Monate.

Ringelblumen Tages- und Nachtcreme

Abwandlung der Ringelblumencreme und ist für jeden Hauttyp geeignet für die ganze Familie.

Zutaten:

Grundrezept

Für die Phase A

- 14 g Calendula Öl
- 5 g Cetylalkohol (zuerst in Öl lösen)
- 5 g Emulsan

Phase B

- 67 ml Wasser für die Wasserphase
- 1,3 ml D-Panthenol

Konservierung: 10 Tr. Rokonsal /Grapefruitkernextrakt/ oder Kaliumsorbat/ Grapefruitkernextrakt oder Paraben K.

So wird es gemacht:

Zuerst den Cetylalkohol im Öl bei 64-67 °C lösen, dann die restlichen Stoffe der Phase A einmischen.

Ebenso heißes, abgekochtes Wasser unter ständigem Rühren einrühren. Bei Handwärme die restlichen Zutaten der Phase B hinzugeben.

Die Creme wird erst beim Kaltrühren cremig!

Haltbar ca. 2-3 Monate.

Zusätzliche Wirkstoffe für die Nachtcreme

Für die Phase B:

- 16 Tr. Pro Vit F
- 1,3 ml Aloe Vera 10-fach
- 11 Tr. Vit Haar HT
- 16 Tr. Vitamin E Acetat
- 4 Tr. Lavendelöl, Rosenholzöl oder ein anderes Öl nach Belieben für den Duft.

Zusätzlicher Wirkstoffe für die Tagescreme:

Für die Phase B:

Wie die Nachtcreme (eventuell mit weniger Wirkstoffen) und zusätzlich:

2,5 ml Kollagen (Wundermittel zur Wasserbindung was die Haut fester und straffer aussehen lässt.)

Ringelblumencreme Baby- und Kindercreme

Zusätzlicher Wirkstoffe für die Phase B:

10 Tr. Alpha Bisabolol

1 Tr. 1 Tr. Lavendelöl (beruhigend, entzündungshemmend, kann aber auch weg gelassen werden)

Konservierung: 10 Tr. Rokonsal /Grapefruitkernextrakt oder Kaliumsorbat/Grapefruitkernextrakt

Harnstoff- ‚Meersalz- creme (z.B. bei Schuppenflechte)

Sehr flüssige Creme, schafft Linderung. Entzündungen können zurück gehen. Die Haut kann glatter werden. Kann gelegentlich durch das Salz etwas brennen, Vorteil Sie ersparen sich die Phase A weil die Cremesoft schon fertig ist.

Zutaten:

- 50 g Basiscreme (z. B. www.jean-puetz-produkte.de/cremebasis-jp-50-g-basiscreme)
- 5 g Himalaja Salz oder Salz aus dem toten Meer
- 2 g Harnstoff (vorher in ganz wenig abgekochten Wasser auflösen)
- 5 ml D-Panthenol
- 3 ml Aloe Vera 10fach
- 7,5 ml Nachtkerzen Öl
- 25 Tr. Pro Vit F
- Konservierung: 8 Tr. Paraben K oder Grapefruitkernextrakt/Kaliumsorbat

So wird es gemacht:

Alle Zutaten kalt (bei Zimmertemperatur) in die Basiscreme einrühren.

Haltbar ca. 2-3 Monate.

Erfrischende Tagescreme

kühlt und erfrischt die Haut. Die Haut wird schön matt.

Zutaten:

Für die Phase A:

- 6 g Tegomuls
- 13 g Distelöl
- 1 ml Borretsch- oder Nachtkerzen Öl
- 5 g Shea Butter

Für die Phase B:

- 60 ml Wasser für die Wasserphase
- 2,5 ml. Allantoin oder Harnstoff
- Zusatzstoffe
- 2,5 ml. D-Panthenol
- 21 Tr. Aloe Vera 10-fach
- 32 Tr. Calendula Extrakt oder Grüntee Extrakt
- 11 Tr. Vitamin E Acetat
- 11 Tr. Pro Vit F (oder auch andere Vitamine)

Konservierung: 12 Tr. Paraben K

So wird es gemacht:

Phase A alle Zutaten vermischen und auf 64-67 °C erhitzen. Das Wasser ebenso heiß, unter dauerndem Rühren in die Phase A einrühren, bis die Creme handwarm ist. Allantoin oder Harnstoff in einer kleinen Menge Wasser auflösen und der fertigen Creme hinzufügen. Bei Handwärme die weiteren Zusatzstoffe hinzufügen.

Abwandlung mit Hyaluron:

Diese Creme wird besonders schön und locker, wenn man noch

1 kleine!! Messerspitze Hyaluron mit einmischt.

Abwandlung mit Kollagen:

Zusätzlich wird der Creme statt des Hyalurons als Wirkstoff

1 MEL . Kollagen hinzugefügt. Kollagen (Wundermittel zur Wasserbindung was die Haut fester und straffer aussehen lässt.)

Haltbar ca. 2-3 Monate.

Reichhaltige Nachtcreme

Pflegt und beruhigt die Haut

Zutaten:

Für die Phase A:

- 11 g Emulsan II (z.B. https://www.dragonspice.de/schnellbestellung4/Emulsan-II-HT.html)
- 36 g Sesamöl, Avocado Öl oder Olivenöl
- 1 ml Nachtkerzen Öl oder Borretsch-
- 6 g Shea Butter

Für die Phase B:

- 50 g Wasser für die Wasserphase
- 2,5 ml D-Panthenol
- 1 Msp. Allantoin
- 31 Tr. Calendula Extrakt oder Grüntee Extrakt
- 11 Tr. Pro Vit A /Carotin Öl
- 11 Tr. Vitamin E Acetat
- 11 Tr. Pro Vit F (auch gerne andere Vitamine)

Konservierung: 13 Tr. Paraben K

So wird es gemacht:

Alle Stoffe der Phase A und Wasser auf 64-67 °C erhitzen und ebenso heißes, abgekochtes Wasser unter ständigem Rühren in Phase A: einrühren. Bei Handwärme die restlichen Zusatzstoff der Phase B zufügen und einmischen.

Bodycreme

Perfekt für ein zartes Gefühl auf der Haut.

Zutaten:

Phase A:

- 16 ml Jojobaöl
- 16 ml Weizenkeimöl
- 16 ml Macadamianuss-, oder Avocado Öl, oder ein anderes zum Hauttyp passendes Öl
- 3 g Cetylalkohol (zuerst in Öl lösen)
- 13 g Tegomuls
- 5 g Shea Butter
- 5 g Kakaobutter

Phase B:

- 220 ml Wasser für die Wasserphase
- 2,5 ml Guarkernmehl
- 5 ml D-Panthenol
- 21 Tr. Aloe Vera 10-fach
- 21 Tr. Meristem
- 21 Tr. Nuratin P / Weizenprotein
- 1,3 ml. Nachtkerzen Öl
- 2,5 ml. Allantoin
- 1 Msp. Hyaluron (vorher in etwas Alkohol und
- 2,5 ml Wasser lösen)

Konservierung: 25 Tr. Grapefruitkernextrakt / Rokonsal oder Paraben K oder Grapefruitkernextrakt /Kaliumsorbat

So wird es gemacht:

Zuerst den Cetylalkohol im Öl bei 64-67 °C lösen, dann die restlichen Stoffe in der Phase A einmischen.

In der Phase B als erstes Guarkernmehl in ein Becherglas geben und mit dem 64-67 °C heißen Wasser einrühre.

Bei Handwärme die restlichen Zutaten hinzugeben.

Dann Phase A und B mischen.

Die Creme wird erst beim Kaltrühren cremig!

Haltbar ca. 2-3 Monate.

Lotions

Schnell einziehende Köpermilch für seidiges Hautgefühl.

Zutaten:

Für die Phase A:

- 16 g Mandel- , Sonnenblumen- oder jedes andere Basisöl, das gut zum Hauttyp passt
- 6 g Wildrosen- Borretsch- oder Nachtkerzenöl
- 11 g Lysolecithin
- 2,5 ml Guarkernmehl

Für die Phase B:

- 115 ml abgekochtes, erkaltetes Wasser
- 2,5 ml. D-Panthenol
- 16 Tr. Silkprotein (Seidenprotein)
- 21 Tr. Aloe Vera 10-fach
- 11 Tr. Pro Vit F
- 11 Tr. nach Belieben ätherisches Öl

Konservierung: Grapefruitkernextrakt/Rokonsal oder 6 Tr. Paraben K

So wird es gemacht:

Lysolecithin und Öl im Becherglas vermischen und dann das Wasser hinzufügen. Alles am besten mit einer Rührhilfe (z.B. Milchaufschäumer) gut vermischen, bis eine hellgelbe Emulsion entstanden ist. Jetzt Guarkernmehl hinzufügen jetzt zügig gut durch mixen. Danach die restlichen Rohstoffe einmischen.

Haltbar ca. 2-3 Monate.

Bodylotion

Diese Bodylotion ist recht flüssig und lässt sich daher sehr gut verteilen. Sie zieht gut ein und hinterlässt einen angenehmen, schützenden Film auf der Haut.

Zutaten:

Für die Phase A:

- 7 g Tegomuls
- 16 g Sonnenblumenöl
- 2 g Nachtkerzen Öl oder Borretsch Öl

Für die Phase B:

- 110 ml Wasser
- 31 Tr. Aloe Vera 10-fach
- 2,5 ml D-Panthenol
- 11 Tr. Pro Vit F
- 1 Msp. Harnstoff
- 1 Msp. Allantoin
- 11 Tr. ätherisches Öl nach Belieben

Konservierung: 15 Tr. Grapefruitkernextrakt / Rokonsal oder Paraben K

So wird es gemacht:

Phase A und Phase B auf 64-67 °C erhitzen, erst Phase A, jetzt das ebenso heißes, abgekochtes Wasser in eine thermostabilen Flasche füllen und gut schütteln, bis die Lotion abgekühlt ist.

Bei Handwärme die weiteren Zutaten der Phase B einmischen.

(Lotion auch ganz normal gemischt werden.)

Vor gebrauch die Flasche schütteln.

Haltbar ca. 2-3 Monate.

Salbenrezepte

Wetterschutzsalbe

Schützt vor Wind und Kälte.

Zutaten

- 8 g Lanolin
- 3 g Bienenwachs
- 4 g Kokosöl
- 9 g Sonnenblumenöl
- 4 g Kakaobutter
- 9 g Shea Butter
- 4 Tr. Vitamin E Acetat (optional)
- 4 Tr. ätherisches Öl (z.B. das hautberuhigende Lavendelöl)

So wird es gemacht:

In einem Becherglas die Zutaten vorsichtig schmelzen, zum Schluss die Shea Butter empfindlichen Kakaobutter einmischen. Die Masse leicht warm werden lassen, so dass alles verschmelzen kann. Geduldig sein. Zuletzt Vitamin und ätherisches Öl einfügen.

Ringelblumen Salbe

für junge und empfindliche Haut, eine Wundercreme die bei vielen oberflächlichen (nicht offenen) Hautproblemen hilft Ausschlägen jeglicher Art.

Zutaten:

- 55 g Bienenwachs
- 250 g Olivenöl oder ein anderes kalt gepresste Öl nach Wahl
- 55 g Sheabutter oder Kakaobutter (oder auch gemischt)
- 2-3 Hände voll getrockneter Ringelblumenblüten, kleingehackt

Konservierung: 6 ml Vitamin E Acetat

So wird es gemacht:

Diese Zutaten vorsichtig in einem Wasserbad in einem größeren Glas schmelzen zum Schluss die Ringelblumenblüten einfügen neu erwärmen bis alles aufschäumt.

Nach dem Aufschäumen vom Offen ziehen. Einen Tag ruhen lassen und dann das Fett wieder aufwärmen, durch ein Leinentuch filtern und in eine dosen füllen.

Den Konservierungsstoff erst beim Abkühlen dazu gebe.

Haltbarkeit: 2- 3 Monate

Erkältungsbalsam

Hilft bei Husten und schnupfen

Zutaten:

- 15 g Bienenwachs
- 55 g Olivenöl oder anderes kalt gepresste Öl nach Wahl
- 15 g Sheabutter oder Kakaobutter (oder auch gemischt)
- 33 Tr. ätherisches Rosmainöl
- 28 Tr. ätherisches Lavendelöl
- Konservierung: 10 Tr. Vitamin E Acetat

So wird es gemacht:

Diese Zutaten vorsichtig in einem Wasserbad in einem größeren Glas schmelzen. Die Masse so weit abkühlen lassen, dass sie noch gut zu vermengen ist, aber nicht mehr zu heiß ist, denn sonst werden die ätherischen Öle sofort verfliegen. Geduldig sein. Sofort abfüllen.

Erkältungsbalsam für ältere Kinder und Jugendliche

Nur Lavendelöl verwendet werden.

Hier kann man einfach bei dem vorgehenden Rezept, das auf das Rosmarinöl verzichten. Nicht überdosieren, lieber etwas weniger, als zu viel.

Lippenpflege

Lippenbalsam für trockene Lippen

Zutaten:

- 15 g Mandelöl
- 15 g Jojobaöl (oder nur eines der beiden, dann aber die doppelte Menge)
- 15 g Bienenwachs
- 15 g Kakaobutter oder Shea Butter

Konservierung: 6 Tr. Vitamin E Acetat (optional)

So wird es gemacht:

Mandelöl, Jojobaöl und Bienenwachs in einem glas in einem lauwarmen/Handwarmen Wasserbad schmelzen, bis eine klare flüssige Masse entstanden ist. Dann erst Sheabutter oder Kakaobutter dazugeben und schmelzen.

Variante mit Honig

1 Grundrezept

0,5 MEL . flüssigen Honig

beigeben und gut verrühren.

Variante ohne tierische Zusätze

Verwenden Sie Shea Butter statt Bienenwachs. Das Wachs wird dann nicht so fest.

Variante mit Pigmenten

Geben sie Pigmenten hinzu wird aus einem Lippenpflegestift ein pflegender Lippenstift. Hier sind dem Einfallsreichtum keine Grenzen gesetzt.

Dazu wird in die fertige Masse

bis zu 2,5ml. Pigment (Perlglanz oder "normale")

gemischt.

Lippenpflegestift

Der alles Könner für die Lippen

Zutaten:

- 15 g Jojobaöl
- 7 g Bienenwachs
- 3 g Shea Butter

Konservierung: 5 Tr. Vitamin E Acetat (optional)

So wird es gemacht:

Jojobaöl, Bienenwachs, Shea Butter verschmelzen, evtl. Vitamin E Acetat hinzufügen und sehr gut verrühren, bis die Masse zäh aber flüssig wird. Dann in die Lippenpflegestifthülsen füllen.

Augenpflege

Reichhaltige Augencreme

Zutaten:

Für die Phase A:

- 1,5 g Cetylalkohol (zuerst in Öl lösen!)
- 7,5 g Emulsan II
- 2,5 ml Fluid Lecithin Super
- 25 g Jojobaöl
- 33 ml abgekochtes Wasser

Konservierung: 7 Tr. Grapefruitkernextrakt/Rokonsal oder Paraben K

Für die Phase B:

ca. 4 - 8 von den folgenden Wirkstoffen könne je nach Hauttyp hin zu gemischt werden.

- 10 Tr. Aloe Vera 10-fach
- 10 Tr. D-Panthenol 75%
- 10 Tr. Alpha Bisabolol
- 10 Tr. Vitamin E Acetat
- 10 Tr. Vitamin A-C-E Fluid
- 10 Tr. Liposomen Konzentrat, Vitamin A oder Vitamin E beladen
- 10 Tr. Pro Vit F
- 10 Tr. Meristem Extrakt
- 5 Tr. Sanddorn-Fruchtfleisch Öl
- 1 Msp. Harnstoff
- 1 Msp. Hyaluronsäure

So wird es gemacht:

Zuerst den Cetylalkohol im Öl bei 64-67 °C lösen, dann die restlichen Stoffe der Phase A einmischen.

Ebenso heißes, abgekochtes Wasser unter ständigem Rühren einrühren. Bei Handwärme die restlichen Zutaten der Phase B hinzugeben.

Haltbarkeit 1 Monat.

Gelrezepte
Liposomengel

Für Trocken und Reife Haut

Zutaten:

- 5 ml. Lipoderminkonzentrat HT
- 5 ml. abgekochtes, erkaltetes Wasser
- 2,5 ml. Vitamin A-C-E Fluid

Konservierung: Grapefruitkernextrakt/Kaliumsorbat oder Grapefruitkernextrakt/Rokonsal oder 2 Tr. Paraben K

So wird es gemacht:

Wasser und Vitamin A-C-E Fluid in das Lipoderminkonzentrat verrühren.

Tipp: Falls das Gel zu flüssig ist, kann das Wasser zunächst mit einer Messersp. Gelbildner angedickt werden.

Anti Aging ohne chemische Hyalurongel

in vielen Anti-Aging Produkten findet man Hyaluronsäure dies ist absolute Antifaltenwirkstoff.

Zutaten:

- 1 g Hyaluron
- 75 g Rosenwasser Orangenblütenwasser, Hamameliswasser, oder Aloe Vera Saft
- 2 Msp. Guarkernmehl

So wird es gemacht:

Die Hyaluronsäure zügig, am besten mit einem Pürierstab, in das Blütenwasser einrühren, damit sich keine Klümpchen bilden.

In einer Braunglas-Flaschen abfüllen.

Haltbarkeit 5-6 Monate.

Abwandlung von Rezepten

Ersetzen sie Hyaluron durch,

- Coenzym Q 10
- Pro Vit F
- alle Vitamin Fluids
- Glycerin

Reinigung, Deo, Masken und Körperpflege

Reinigung
Gesichtswasser

Gesichtswasser die günstige und bessere (Natürlichere) Alternativen auf sehr hohem Niveau.

Rosen-Orangen-Gesichtswasser

Dieses Gesichtswasser der Luxusklasse duftet herrlich nach Rosen und Orangenblüten. Es reinigt, kühlt und pflegt die Haut. So wird die Reinigung zu einem Erlebnis.

Zutaten:

- 100 ml Rosenwasser
- 20 ml Orangenblütenwasser
- 15 Tr. Aloe Vera 10-fach oder 20 ml Aloe Vera Saft
- 15 Tr. Pro Vit F
- 15 Tr. Grüntee Extrakt
- 2,5 ml D-Panthenol
- 120-150 ml abgekochtem Wasser

Kalt zusammenmischen und Fertig Orangenblütenwasser wird das Gesichtswasser herber. Haltbarkeit: ca. 4 Wochen.

Pflegende Reinigungsmilch

entfernt wasserfestes Make-Up gründlich und schonend.

Zutaten:

Für Phase A:

- 30 g Sonnenblumen- oder Mandelöl
- 5 g Cetylalkohol (zuerst in Öl lösen)
  - 11 g Emulsan

Für Phase B:

- 90g Wasser
- Für Phase B:
- 2ml D-Panthenol
- 5.5 ml Betain
- 7 Tr. ätherische Öle nach Wunsch

Konservierung: 12 Tr. Paraben oder K.Grapefruitkernextrakt/Rokonsal

So wird es gemacht:

Zuerst den Cetylalkohol im Öl bei 64-67 °C lösen, dann die restlichen Stoffe der Phase A einmischen.

Ebenso heißes, abgekochtes Wasser unter ständigem Rühren einrühren. Bei Handwärme die restlichen Zutaten der Phase B hinzugeben.

Haltbarkeit: 2-3 Monte

Reinigungs-Gel

Gründlich und Sanftes Gel zur Reinigung von unreiner und fettiger Haut. Auch für jegliches Make-Up zum entfernen

Zutaten:

Für Phase A:

- 28 ml Kosmetisches Basiswasser
- 2,5 -5 ml Xanthan, je nach wunsch
- Das Xanthan in Alkohol geben und glatt rühren.

Für Phase B:

- 65 ml abgekochtes, erkaltetes Wasser
- 1 Msp. Allantoin

So wird es gemacht:

Phase A und B gesondert voneinander mischen, am besten Schütteln.

Anschließend beide Phasen vermischen /schütteln.

Jetzt werden folgende Zusatz- und Wirkstoffe einmischen:

- 33 Tr. Aloe Vera 10-fach
- 2,5 ml D-Panthenol
- 7 Tr. ätherisches Öl Teebaumöl
- 7 Tr. Calendulaextrakt
- 7 Tr. Alpha Bisabolol
- 2,5 ml Sanfttensid

Das Gel wird mit den Finger leicht auf die Haut einmassiert und mit lauwarmem Wasser abgespült.

Haltbarkeit: 1 Monte

Reinigungsgel für wasserfeste Schminke

Spezielles Reinigendes und Pflegendes Gel für wasserfestes Make-Up.

1 Grundrezept (siehe vorgehendes Rezept)

- 5 ml Fluid Lecithin Super
- 2 Mandelöl

Beide Stoffe in die Phase A einmischen, verrühren und dann wie angegeben fortfahren.

Zahn-Gel

Individuelles Zahngel ohne Fluor

Zahn-Gel
Zutaten:

- 55 g abgekochtes, erkaltetes Wasser
- 15 g Xylit (5 gestr. 2,5 ml MEL .)
- 25 ml Kieselsäure
- 2,5 ml Xanthan
- 2,5 ml. Betain
- 5 Tr. ätherisches Krauseminzeöl (Spearmint)
- 3 Tr. Lebensmittelfarbe

Konservierung: 10 Tr. Kaliumsorbat 1:5

So wird es gemacht:

Im Wasser Kieselsäure und Xylit unter Rühren auflösen. Dann mit dem Xanthan im Rühr-Stab zu einem festen Gel andicken. Das Betain und die restlichen Rohstoffe dazu geben und mit dem Rühr-Stab unterrühren.

Haltbarkeit: 2-3 Monte

Enthaarung

Haarentfernung mit "Zucker-Warmwachs"

Zutaten

- 110 g handelsübliche Haushaltszucker
- ca. 15 ml Wasser
- ca. 35 ml Zitronensaft Konzentrat

So wird es gemacht:

Zucker, Wasser und Zitronensaft in einenTopf gegeben und langsam erwärmen und verrühren bis es schäumt, bis sich eine einheitliche Masse gebildet hat, die in Konsistenz und Farbe an flüssigen Honig erinnert.

In einem Glas Abfüllen damit man es schnell wieder aufwärmen kann, zum Auftragen.

Temperatur vor dem Auftragen testen (Handrücken)

Anwendung:

Das Wachs warm in Wuchsrichtung mit einem Löffel auf die gewünschte stelle aufgetragen.

Dann einen Stoffstreifen auf die Stelle legen und gut andrücken, etwas abwarten und dann den Streifen gegen die Wuchsrichtung flach und schnell abziehen.

Rasieren

Rasierseife

Zutaten

- 2,5 ml Haarguar
- 55 ml abgekochtes, erkaltetes Wasser
- 55 g Gießseife (Glyzerinseife)
- 27 Tr. Silkprotein
- 27 Tr. Weizenprotein
- 7 Tr. Carotin/Karotten Öl/Pro Vit A
- 12 Tr. Alpha Bisabolol
- 12 Tr. ätherische Öle, z.B. Rosmarinöl, Lavendelöl, oder bei sehr unreiner Haut auch Teebaumöl

So wird es gemacht:

Wasser erwärmen dann Haarguar hinzufügen dann auflösen. Glyzerinseife in einem eigenen Gefäß erhitzen bis es flüssig ist. Die Wasser – Haarguar mischung zügig in die flüssige Glyzerinseife einrühren, bis alles eine einheitliche Masse gibt. Sobald sie etwas abgekühlt, aber noch flüssig ist, die übrigen Zutaten einrühren.

Seife noch flüssig in ein Glas- füllen,

Alles abkühlen lassen, so dass sich wieder eine feste Masse bildet.

Anwendung der Rasierseife:

Rasierpinsel anfeuchten.

Mehrmals in der Seife herumrühren, bis sich ein feiner Schaum im Schälchen bildet.

Schaum mit Pinsel auf die entsprechenden Hautpartien auftragen und dann Nassrasieren.

Aftershave Balsam I

Zutaten

- 35 ml Orangenblütenwasser
- 35 ml Hamameliswasser
- 1 Msp. Allantoin
- 23 ml Alkohol (Kosmetisches Basiswasser, oder Weingeist, unvergällt
- 2,5 ml Xanthan
- 5 ml Fluid Lecithin Super
- 2,5 ml beliebiges Öl
- 2,5 ml D-Panthenol
- 15 Tr. Alpha Bisabolol (entzündungshemmend)

So wird es gemacht:

Verrühren Sie in einem Behälter Orangenblütenwasser, Hamameliswasser und Allantoin.

Lösen Sie den Xanthan in Alkohol auf und unter Rühren Sie die zuvor gemischten Zutaten zusammen. Fügen Sie die übrigen Zutaten hinzu und gut rühren.

In Braunglas-Flaschen oder Rasierwasser-Flaschen abfüllen.

Vor Gebrauch muss das Aftershave geschüttelt werden.

Aftershave Balsam II

Zutaten

- 85 ml Aloe Vera Saft oder
- 10 ml Aloe Vera 10-fach und
- 75 ml abgekochtes, kaltes Wasser
- 2,5 ml Allantoin
- 22 ml Alkohol (Kosmetisches Basiswasser oder Weingeist, unvergällt
- 2,5 ml Haarguar
- 4 ml Fluid Lecithin Super
- 2,5 ml beliebiges Öl (bei trockener Haut)
- 2,5 ml D-Panthenol
- 15 Tr. Alpha Bisabolol (entzündungshemmend)
- 3 ml. Meristemextrakt

So wird es gemacht:

Aloe Vera Saft und Allantoin verrühren. Haarguar in Alkohol auflösen und unter Rühren mit dem zuvor Zutaten mischen Dann die restlichen Zutaten unterrühren.

In Braunglas-Flaschen oder Rasierwasser-Flaschen abfüllen.

Vor Gebrauch muss das Aftershave geschüttelt werden.

Masken

"Obst und Gemüse"

Avocadomaske

Fördert die Durchblutung. Die Haut wird ganz weich. Nach einiger Einwirkzeit an zu kribbeln.

Zutaten

- 1 EL . pürierte Avocado (auch bräunliche Stellen sind geeignet.)
- 1 TL Joghurt
- 1/2 TL Honig
-

So wird es gemacht:

pürierte Avocado , Jogurt und Honig zu einer gleichen Masse verarbeiten und auf das Gesicht auftragen.

15-20 Min. einwirken lassen und vorsichtig nur mit lauwarmem Wasser ohne Seife abwaschen. Gesicht mit einem Handtuch abtupfen, damit die Wirkstoffe noch weiter wirken können.

Gurken - Maske

Salatgurken machen müde Haut wieder munter. Vitaminen A und C, Feuchtigkeitsgehalt und Enzyme sind perfekt für die Haut.

Zutaten

- 1/3 einer Salatgurke
- 2 EL . Quark (Topfen) für normale Haut
- oder 2 EL. Sahen für trockene Haut
- oder 2 EL. Magerquark für trockene Haut

So wird es gemacht:

Mit einer Reibe oder im Mixer ein Stück gurke zerkleinern dann mit Quark (Topfen) verrühren, die Mischung auftragen und 15-20 Minuten auf der Haut lassen. Dann mit warmem Wasser abwaschen.

Gesichtsmaske für einen frischen Teint

Reichhaltige Maske,

Perfekt als Make-Up Grundlage vor dem Verlassen des Hauses.

Zutaten

- 3 EL . Quark
- 2 EL . Joghurt
- 15 Tropfen Olivenöl
- 1 Eigelb

So wird es gemacht:

Zutaten zu einer Creme vermengen, auf das Gesicht auftragen und ca. 10 -15 Minuten einwirken lassen.

Quark- Honig -Maske

Für geschmeidig, weiche Haut

Zutaten

- ca. 60 g Quark mit
- ca. 10 ml Weizenkeimöl oder Distelöl
- 1 TLHonig

So wird es gemacht:

Zutaten zu einer Creme vermengen, auf das Gesicht auftragen und ca. 10 -15 Minuten einwirken lassen.

Die Menge reicht dann für zwei großzügig verteilte Masken. Der Honig kann auch sehr zähflüssig sein, mischt man erstmal alles zusammen, lässt er sich sehr gut verrühren. Die Maske ca. 15 Min drauf lassen vorsichtig nur mit lauwarmem Wasser ohne Seife abwaschen. Gesicht mit einem Handtuch abtupfen, damit die Wirkstoffe noch weiter wirken können.

Bienenhonig

Bienenhonig ist für jeden Hauttyp geeignet. Er macht die Haut zart und geschmeidig.

Zutaten

- 2. EL . Bienenhonig
- 1-2 EL . Wasser

So wird es gemacht:

Den Bienenhonig mit warmem Wasser übergiießen und streichfähig machen. Jetzt mit einem Pinsel die Honigmasse gleichmäßig auf dem Gesicht verteilen. Nach etwa 15- 20 Minuten mit lauwarmem Wasser das Gesicht gründlich abspülen.

Bei fettiger Haut

Propolis – Maske

Zutaten

- 65 ml Buttermilch oder Joghurt
- 2,5 ml. Propolis Tinktur
- 55 g Honig
- 12 ml Zitronensaft

So wird es gemacht:

Den Honig mit der Buttermilch vermischen. Zum Lösen des Honigs muss die Mischung eventuell etwas erwärmt werden. Wenn sie abgekühlt ist, Propolis Tinktur und Zitronensaft hinzufügen. Gut rühren.

Die Maske wird je nach Festigkeit mit einem Wattebausch oder Holzspatel auf die Haut auftragen. Die Maske bleibt so lange auf der Haut, bis sie sich trocken ist. Vorsichtig nur mit lauwarmem Wasser ohne Seife abwaschen. Gesicht mit einem Handtuch abtupfen, damit die Wirkstoffe noch weiter wirken können.

Honig- Tomaten-Maske

Zutaten

- 3 Tomaten
- 1 EL . Honig

So wird es gemacht:

Die Tomaten fein mit einem Stabmixer pürieren. Danach gibt man den Honig hinzu und püriert das Ganze nochmals durch. Die Paste wird für etwa 10-15 Minuten auf das Gesicht aufgetragen.

Vorsichtig nur mit lauwarmem Wasser ohne Seife abwaschen. Gesicht mit einem Handtuch abtupfen, damit die Wirkstoffe noch weiter wirken können.

Karottenmaske

Zutaten

- 1 TL Karottensaft (auch gekaufter)
- 1 Eigelb
- 2 EL . Mehl

So wird es gemacht:

Karottensaft, Eigelb und Mehl vermischen und die so Masse dann einheitlich auf das Gesicht auftragen. Etwa 10-15 Minuten einwirken lassen und danach vorsichtig nur mit lauwarmem Wasser ohne Seife abwaschen. Gesicht mit einem Handtuch abtupfen, damit die Wirkstoffe noch weiter wirken können.

Bei trockener Haut

Honig - Bananen- Maske

Zutaten

- 1 Banane
- 1 TL Honig

So wird es gemacht:

Die Banane mit einem Stabmixer pürieren. Sobald die Bananen fein ist, Honig hinzu gegeben und vermischen.

Die Paste auf das Gesicht auftragen und ca. 10 -15 Minuten einwirken lassen. Vorsichtig nur mit lauwarmem Wasser ohne Seife abwaschen. Gesicht mit einem Handtuch abtupfen, damit die Wirkstoffe noch weiter wirken können.

Sonstige Masken

für heiße Tage eine Kühle - Masken mit Agar Agar

Grundrezept

Zutaten

- 30 ml Rosenwasser
- 2 ml. Agar Agar

So wird es gemacht:

Alle Zutaten vermischen und im Wasserbad leicht erwärmen bis sich das Agar Agar vollständig aufgelöst hat. Vom Herd nehmen und verrühren, bis die Mischung beginnt dick zu werden (sie darf nicht mehr Tropfen). Jetzt die noch warm mit den Fingern auf das gut gereinigte Gesicht und den Hals auftragen. Sobald die Maske völlig hart ist, wird sie vorsichtig nur mit lauwarmem Wasser ohne Seife abwaschen. Gesicht mit einem Handtuch abtupfen, damit die Wirkstoffe noch weiter wirken können.

Rosenblütenwasser

Statt des Rosenwassers kann auch aus Wasser und Rosenblütenblättern ein Auszug hergestellt werden. Dazu

Zutaten

- ➤ 1 gehäuften EL . Rosenblütenblätter
- ➤ Wasser
- ➤ 2 ml Agar Agar

So wird es gemacht:

Die Blätter mit kochendem Wasser begießen bis sie bedeckt sind. 1 Stunde ziehen lassen, das Rosenblütenwasser jetzt filtern und mit. Agar Agar vermischen.

Die noch warm mit den Fingern auf das gut gereinigte Gesicht und den Hals auftragen. 10 – 15 Minuten wirken lassen, dann wird sie vorsichtig nur mit lauwarmem Wasser ohne Seife abwaschen. Gesicht mit einem Handtuch abtupfen, damit die Wirkstoffe noch weiter wirken können.

Ringelblumen - Maske

Hilft bei Porenverengung.

Zutaten

- 7 ml Calendula Extrakt
- 23 ml Rosenwasser
- 2 ml Agar Agar

So wird es gemacht:

Das Calendula Extrakt mit kochendem Wasser begießen bis sie bedeckt sind. 1 Stunde ziehen lassen, das Ringelblumenwasser jetzt filtern und mit. Agar Agar vermischen.

Die noch warm mit den Fingern auf das gut gereinigte Gesicht und den Hals auftragen. 10 – 15 Minuten wirken lassen, dann wird sie vorsichtig nur mit lauwarmem Wasser ohne Seife abwaschen. Gesicht mit einem Handtuch abtupfen, damit die Wirkstoffe noch weiterwirken können.

Straffende Honigmaske

Zutaten

- 5 ml. Bienenhonig
- 1 Msp. Agar Agar

So wird es gemacht:

Den Honig vorsichtig unter Rühren leicht wärmen, Agar Agar hinzufügen, etwas erkalten lassen und auftragen.

10 – 15 Minuten wirken lassen, dann wird sie vorsichtig nur mit lauwarmem Wasser ohne Seife abwaschen. Gesicht mit einem Handtuch abtupfen, damit die Wirkstoffe noch weiter wirken können.

Kalt gerührte Eigelbmaske

Zieht die Poren zusammen und erfrischt die Haut

Zutaten

- 1 Eigelb
- 1 Msp. Agar Agar

So wird es gemacht:

Agar Agar und Eigelb in eine Schüssel geben, stark rühren, bis die Masse dicklich wird . Dann Auftragen

Peeling

Handpeeling

Saubere und samtweiche Hände

Grundrezept

Zutaten

- 125 g feines Kristallsalz vom Rande des Himalayas
- 21 g Jojobaöl
- 32 g Basis Öl nach Wahl (oder 51 g ohne Jojobaöl)
- 2,5 ml Vitamin E Acetat
- 6 Tr. ätherisches Öl oder Parfumöl nach Wahl

So wird es gemacht:

Als erstes das Vitamin E Acetat im Öl gut vermischen und dann alle Zutaten gut verrühren.

Handpeeling mit Seifenflocken

Die Reinigungswirkung wird verbessert

Stellen Sie das Grundrezept (vorgehende Rezept) her geben Sie 20 g klein zerdrücke Seifenflocken dazu.

Heilerde Peeling-Maske

Diese kombinierte Peeling-Maske belebt und erfrischt. Sie eignet sich besonders für fettige oder problematische Haut, da sie ganz ohne Öl auskommt. Durch den doppelten Peelingeffekt wird die Haut seidenweich und erhält einen strahlenden Teint

Zutaten

- 110 ml abgekochtes, wieder erkaltetes Wasser
- 14 g Heilerde
- 4 ml Xanthan oder Guarkernmehl
- 3 ml kosmetisches Basiswasser
- 3 ml Betain
- 3 ml Olivenstein-Mandelkern-Granulat
- 3 ml D-Panthenol
- 3 ml Aloe Vera 10 fach

Konservierung: 15 Tr. Paraben K (3 Monate) oder Grapefruitkernextrakt

Im Wasser Betain und Heilerde auflösen. Xanthan in Alkohol in einem Glas mit Schraubverschluss lösen und Wassergemisch hinzugeben, ganz schnell Deckel drauf machen und kräftig schütteln. Dann übrigen Zutaten einrühren.

Haltbarkeit 2 – 3 Monate

Mandel-Peeling

Zutaten

- 3-5 EL . Naturjoghurt
- 3-5 EL . geriebene Mandeln
- 1-2 Tl. Ringelblumenextrakt und/oder
- 1-2 Tl. Honig

So wird es gemacht:

Zutaten zu einem Püree artigen Masse zusammen mischen sofort auf Gesicht und Körper auftragen. Einige Minuten einmassieren und dann mit warmem Wasser abduschen.

Gesichts - und Körperpeeling

Zutaten

- 2 EL. Rohrzucker
- einige Tropfen Olivenöl

Öl mit Zucker vermengen und auf die Haut auftragen. Einige Minuten einwirken lassen und gründlich abspülen.

Körperpeeling

Zutaten

- ➢ 2 EL . Meersalz
- ➢ etwas Milch

So wird es gemacht:

Milch und Salz verrühren. So viel Milch verwenden damit eine schöne aber noch streichbare Creme entsteht.

Abduschen dann mit der Creme eincremen und sanft die Haut mit einem Pilling Handschuh abrubbeln. Gründlich spülen!

Deo

Deo Roll-On

Zutaten

- 1,5 ml Smell Freeund oder
- 2,5 ml Odex und/oder
- 22 Tr. Farnesol
- 11 ml Kosmetisches Basiswasser
- 1 Kristall Menthol (ca. 1 x 0,3 cm)
- 1,5 ml Xanthan
- 65 ml abgekochtes Wasser
- 11 Tr. Teebaumöl
- 2,5 ml Hamamelisextrakt (super bei rasierten Achseln)
- 12 Tr. Alpha Bisabolol
- 10 Tr. Grapefruitkernextrakt
- 1 MEL . Propolis Tinktur (bei empfindlicher Haut)

So wird es gemacht:

Zuerst das Menthol, Odex oder Smell Free und Farnesol im Alkohol auflösen. Dann Xanthan zufügen, mit Wasser aufschütten, schnell und gut schütteln und die übrigen Zusatzstoffe hinzutuen. Dann alles in einen Roll-On einfüllen. Haltbarkeit 2-3 Monate

Hamamelis Deo Spray

Wirkt lange und gut.

Zutaten

- 55 ml Alkohol (z.B. Kosmetisches Basiswasser oder Weingeist)
- 1 Kristall Menthol (ca. 1 x 0,3 cm)
- 2,5 ml. Smell Freeund oder
- 2,5 ml Odex und/oder
- 22 Tr. Farnesol
- 3 Tr. Teebaumöl
- 5 Tr. Lavendelöl
- 3 Tr. Orangenöl
- 55 ml Hamameliswasser

So wird es gemacht:

Erst das Menthol ausnahmslos im Alkohol auflösen, alle anderen Wirkstoffe im Alkohol lösen und zuletzt das Hamameliswasser beimischen. Schütteln, in eine Sprühflasche füllen - und fertig ist das Deo.

Vor jeden gebrauch schütteln.

Haltbarkeit 2-3 Monate

Einfaches Deo Spray mit Smell Free oder Odex

Zutaten

- ➢ 2 ml Smell Free oder
- ➢ 2,5 ml Odex und/oder
- ➢ 85 ml Alkohol (Kosmetisches Basiswasser)
- ➢ 22 ml abgekochtes, erkaltetes Wasser
- ➢ 11 Tr. Teebaumöl
- ➢ 26 ml Hamamelisextrakt
- ➢ 11 Tr. Alpha Bisabolol

So wird es gemacht:

Alle Stoffe verrühren und in eine Sprühflasche füllen.

Deo Spray mit Farnesol

Zutaten

- 32 Tr. Farnesol
- 85 ml Kosmetisches Basiswasser
- 25 ml abgekochtes, erkaltetes Wasser
- 12 Tr. Teebaumöl
- 12 MEL . Hamamelisextrakt
- 12 Tr. Alpha Bisabolol

So wird es gemacht:

Farnesol im LV 41 auflösen und dann alle Zutaten vermischen und in eine Sprühflasche füllen.

Vor den gebrauch gut schütteln.

Ganz einfaches Deo mit Wasser

Der Allrounder nicht nur als Deo verwendbar, mit Odex kann auch auch Polster, Vorhänge usw. von Gerüchen neutralisieren und es als Raum-Spray verwenden

Zutaten

- 110 ml abgekochtes, erkaltetes Wasser oder Blütenwasser
- 2 ml. Smell Free

oder

- 3 ml Odex

So wird es gemacht:

Zutaten vermischen und in eine Sprühflasche füllen.

Vor Gebrauch gut schütteln.

Kopfhaut und Haarpflege
Shampoos

Grundrezept Shampoo

Zutaten

- Hier können Sie die Menge
- 2 ml Haarguar
- 110 g frisch abgekochtes, handwarmes Wasser
- 85 g Tensidmischung
- 2,5 ml D-Panthenol
- 8 ml weitere Pflegestoffe je nach Rezept
- 1,5 ml Zitronensäure Lösung oder Zitronensaftkonzentrat (nur bei der Verwendung von Rewoderm nötig)
- 13 g Rewoderm -> (Verarbeitung mit Guarkernmehl)

Konservierung : 20 Paraben K

So wird es gemacht:

Haarguar in ein Glas geben, Wasser schnell zugeben und Pulver unter verrühren (am besten mit einem Handrührer) auflösen, dann in die Tensid Mischung einrühren.

Die übrigen Zutaten hineinrühren.

Zum Einstellen des Säuregrad (ph-Wertes), Zitronensaftkonzentrat oder Zitronensäure Lösung einmischen.

Als letztes Rewoderm unter dauerndem Rühren EL für EL zugeben. Am besten mit einem Handrührer.

Vor dem gebrauch schütteln. ‚Haltbarkeit 2-3 Monate.

Shampoos mit Guarkernmehl statt Rewoderm

Geschmeidiger Haare durch Guarkernmehl.

Ersetzen Sie im Grundrezept Shampoo Rewoderm

Und verwenden Sie ca. 5-6 ml Guarkernmehl

Das Shampoo wird besonders homogen, wenn der Haarguar-Anteil verdoppelt, wird.

So wird es gemacht:

Das Guarkernmehl mit dem Haarguar mischen und dann unter kräftigem verrühren (am besten mit einem Handrührer) in das Wasser rühren. Kurz stehen lassen und noch einmal verrühren.

Dann weiter wie im Grundrezept.

Vor dem gebrauch schütteln

Haltbarkeit 2-3 Monate.

Pflegestoffe: Shampoo für normales Haar

- 5 ml. Birkenextrakt, Plantessenz oder anderer Pflanzenextrakt
- 3,5 ml MEL . Vit Haar HT, oder andere Vitamine (Einsatzkonzentration beachten!)
- 2,5 ml Seidenprotein (Silkprotein)

Pflegestoffe: Anti-Schuppen Shampoo

Fügen Sie dem Grundrezept Shampoo folgende Wirkstoffe zu.

- 5 ml. Pirocton Olamin (mit dem Haarguar in die Wasserphase einarbeiten)
- 5 ml Brennessele- oder Birkenextrakt
- 2,5 ml Harnstoff (in etwas Wasser lösen)
- 12 Tr. Teebaum- oder Lavendelöl.
- Bei Kopfhautekzeme kann auch
- 2,5 ml Niemöl hinzugefügt werden.

Die Durchblutung Kopfhaut wird durch Rosmarinöl angeregt.

Kindershampoo

Zutaten

- 2 ml Haarguar
- 110 g frisch abgekochtes, handwarmes Wasser
- 80 g Tensidmischung
- 6 g Sanfttensid
- 3 ml. D-Panthenol
- 3 ml. Fluid Lecithin Super Rückfettend
- 3 ml. beliebiges Öl
- 6 Tr. Lavendelöl (vorbeugend gegen Läusebefall)
- 8 ml. Guarkernmehl

So wird es gemacht:

Haarguar in ein Glas geben, Wasser schnell zugeben und Pulver unter verrühren (am besten mit einem Handrührer) auflösen, dann in die Tensid Mischung einrühren.

Die übrigen Zutaten hineinrühren.

Vor dem gebrauch schütteln.

Haltbarkeit 2-3 Monate.

Shampoo für normales und feines Haar

Zutaten

- 2 ml. Haarguar
- 110 ml frisch abgekochtes, handwarmes Wasser
- 85 g Tensidmischung
- 3 ml D-Panthenol
- 6 ml Plantessenz
- 2 ml Vit Haar HT
- 11 Tr. Weizenprotein
- 3 ml Kieselsäure (optional)
- 13 g Rewoderm -> (Verarbeitung mit Guarkernmehl)
- 1 ml Zitronensaftkonzentrat oder Zitronensäure Lösung (nur bei der Verwendung von Rewoderm nötig)

Konservierung (eigentlich nicht nötig): 22 Paraben K

So wird es gemacht:

Haarguar in ein Glas geben, Wasser zügig hinzufügen und das Pulver einrühren und auflösen. Dafür eignen sich ein Rührgerät super. Dann in die Tensidmischung einrühren.

Pflegestoffe hineinrühren und zum Einstellen des ph-Wertes Zitronensaftkonzentrat oder Zitronensäure Lösung zugeben.

Zuletzt Rewoderm langsam einrühren beifügen (Verarbeitung mit Guarkernmehl)

Zuletzt Rewoderm unter Rühren in einem feinem Strahl oder MEL öffel für MEL öffel hinzugeben.> hinzufügen. -> (Verarbeitung mit Guarkernmehl)

Konservierung von Shampoos

Haltbarkeit: 3-4 Monate

Trockenshampoo

Zutaten

> 4 EL öffel Maisstärke oder
> 2 EL öffel Körperpuder (Talkum)

So wird es gemacht:

Die Zutaten im Mörser vermengen und in das trockene Haar ein bürsten. Dann mit einem Handtuch gut frottieren und ausbürsten.

Zuckertensid - Wascherde -Shampoo

Fabelhaft als Kinder- und Babyshampoo oder auch bei langen Haaren sowie auch als Duschgel.

Zutaten

- ➢ 3 ml Haarguar
- ➢ 110 g abgekochtes, handwarmes Wasser
- ➢ 21 g Ghassoul
- ➢ 71 g Betain
- ➢ 16 g Sanfttensid
- ➢ 3 ml. D-Panthenol
- ➢ 2 ml Fluid Lecithin Super
- ➢ 3 ml Weizenprotein
- ➢ 21 Tr. äth. Lavendelöl
- ➢ 20 Tr. Paraben K.

So wird es gemacht:

Haarguar Glas einfüllen und unter dauerndem Rühren mit dem warmen Wasser füllen. Ghassoul unter Rühren hineinstreuen. Sanfttensid und Betain in einem weiteren Glas mischen und die Wassermischung unter Rühren zufügen. Weitere Zusatzstoffe hinzutun.

Haltbarkeit: 3-4 Monate

Spülungen

Cremespülung für normales Haar

Diese Spülung pflegt das Haar und macht es sehr leicht kämmbar. Sie ist recht fest und kann genau so angewendet werden, wie gekaufte Produkte. Sie werden wie Cremes hergestellt.

Zutaten

Für Phase A:

- 2 g Kurquat
- 6 g Cetylalkohol (zuerst in Öl lösen)
- 1 MEL . Aprikosenkernöl oder Jojobaöl

Für Phase B

- 90 g abgekochtes Wasser
- 10 Tr. äth. Öl, z.B. Rosenholzöl oder Lavendelöl
- 10 Tr. Paraben K

So wird es gemacht:

Zuerst den Cetylalkohol im Öl bei 64-67 °C lösen, dann die restlichen Stoffe der Phase A einmischen.

Ebenso heißes, abgekochtes Wasser unter ständigem Rühren einrühren. Bei Handwärme die restlichen Zutaten der Phase B hinzugeben.

Haltbar ca. 2-3 Monate.

Cremespülung für trockenes, störrisches Haar

Zutaten

- 2 ml Nuratin P / Weizenprotein
- 4 g Shea Butter oder
- 4 g Kakaobutter

So wird es gemacht:

Das Weizenprotein wird in die fertige Spülung für normales Haar gegeben

Kakaobutter und Shea Butter werden nach dem Cetylalkohol und dem Kurquat eingeschmolzen.

Cremespülung für sehr feines Haar

Zutaten

Für Phase A:

- 3 g Kurquat
- 7 g Cetylalkohol (zuerst vorsichtig ohne Öl schmelzen)
- Für Phase B:
- 95 g abgekochtes Wasser
- 16 Tr. Silkprotein (Seidenprotein)
- 16 Tr. Vit Haar HT
- 16 Tr. äth. Öl, z.B. Lavendelöl oder Rosenholzöl
- 10 Tr. Paraben K

So wird es gemacht:

Zuerst den Cetylalkohol im Öl bei 64-67 °C lösen, dann die restlichen Stoffe der Phase A einmischen.

Ebenso heißes, abgekochtes Wasser unter ständigem Rühren einrühren. Bei Handwärme die restlichen Zutaten der Phase B hinzugeben.

Haltbar ca. 2-3 Monate.

Cremespülung bei Schuppen oder Läusen
Zutaten

- ➢ 3 g Kurquat
- ➢ 7 g Cetylalkohol (zuerst in Öl lösen)
- ➢ 3ml Niemöl
- ➢ 95 g abgekochtes Wasser
- ➢ 12 Tr. äth. Öl, z.B. Lavendelöl
- ➢ 16 Tr. Silkprotein (Seidenprotein)
- ➢ 16 Tr. Vit Haar HT
- ➢ 10 Tr. Paraben K

So wird es gemacht:

Zuerst den Cetylalkohol im Öl bei 64-67 °C lösen, dann die restlichen Stoffe der Phase A einmischen.

Ebenso heißes, abgekochtes Wasser unter ständigem Rühren einrühren. Bei Handwärme die restlichen Zutaten der Phase B hinzugeben.

Haltbar ca. 2-3 Monate.

Spülungen aus Küche und Garten

Festigende Honigspülung nach Stephanie Faber

Zutaten

- 2 Kaffeelöffel reiner Bienenhonig
- 500ml warmes Wasser
- 2 Spritzer Zitronensaft oder Obstessig

So wird es gemacht:

Im warmen Wasser den Honig auflöse, und sobald er vollständig aufgelöst ist, gibt man den Spritzer Zitronensaft oder Obstessig dazu.

Bierspülung

Bei blondem Haar 1 Flasche Weizenbier oder

bei dunklem Haar 1 Flasche Dunkel- oder Starkbier) in

Haare einmassieren.

Am Besten nicht abspülen, der Geruch verfliegt nach geringer Zeit.

Reiner Apfelessig

Macht die Haare leichter kämmbar. Verleiht einen seidigen Glanz und.

Einfach einen Schuss Apfelessig in die Hand nehmen und ins Haar verteilen Danach Ausspülen.

Birkenblätterspülung

Zutaten

- 1 Teelöffel getrocknete Birkenblätter
- 1 Tasse Wasser

So wird es gemacht:

Die Blätter wie einen Tee aufkochen und den Aufguss abkühlen lassen - dann abseihen.

Vorsicht! Nicht für blondes Haar geeignet!

Packungen

Fluid - Repair- für mehr Volumen und Spannkraft

Macht müde Haare wieder munter.

Zutaten

- 1,5 ml Haarguar
- 3 ml Weizenprotein
- 100 ml, handwarmes, abgekochtes Wasser
- 12 Tr. therisches Öl zur Parfümierung z.B. Lavendel
- Konservierung: 12 Tr. Paraben K

So wird es gemacht:

In einem Gefäß das warme Wasser einfüllen Weizenprotein und Haarguar gründlich mit dem Wasser vermischen oder direkt in die mit dem Wasser gefüllte Flasche geben und schütteln.

Ätherisches Öl und Konservierungsstoff zugeben.

Das Haarguar dickt erst nach 1-2 Minuten an.

Anwendung:

Die Kur in den Händen reiben und in die noch feuchten Haare einmassieren. Nicht ausspülen und wie gewohnt frisieren.

Haltbarkeit: 2-3 Monate

Propoliskur für fettiges Haar

Zutaten

- 70 g gewöhnlicher Joghurt
- 12 g Propolistinktur
- 130 g Honig
- 1 Eigelb

So wird es gemacht:

Propolistinktur und Joghurt durchmischen und mit den restlichen Zutaten zu einer gleichartigen Masse verarbeiten.

Die Mischung wird direkt in das zuvor angefeuchtete Haar einmassiert und nach 30 Minuten mit einem milden Shampoo ausgewaschen.

Packungen aus Garten und Küche

Sesamöl bei Schuppen strohigen Haaren

Je nach Haarlänge Sesamöl gut im Glas anwärmen und, bis es handwarm ist, in die Haare einmassieren, ein Handtuch herum wickeln (am besten ebenfalls vorgewärmt) und bis zu einer Stunde einwirken lassen. Dann auswaschen.

Mayonnaisen-Packung bei schlaffen Haaren

Je nach Haarlänge, je ein Teil Olivenöl und Eigelb zu einer Mayonnaise verrühren,

auf Haare und Kopfhaut auftragen,

10 Min. einwirken lassen und

mit lauwarmem Wasser abspülen.

Honigpackung mit Ei und bei trockenen Haaren

Zutaten

- 5 EL öffeln Honig
- 1 Eigelb
- 1,1/2 Teelöffel Zitronenkonzentrat

So wird es gemacht:

Honig, Eigelb und Zitronenkonzentrat durchmischen und nach der Haarwäsche auf das feuchte Haare auftragen. Die Haare mit einem Handtuch umwickeln und mindestens 10 Minuten einwirken lassen. Danach die Paste hundertprozentig ausspülen.

Avocadopackung bei splissigem, angegriffenen Haar

Bewirkt wahre Wunder.

Zutaten

- 1 Fleisch der Avocado
- 2 Eigelb

So wird es gemacht:

Die Avocado mit einer Gabel zerquetschen und die Eigelbe untermischen.

Packung in das Haar kneten und mindestens 20 Minuten einwirken lassen.

Aloe Vera mit Avocado Packung für trockenes Haar

Trockene Haare werden wieder geschmeidig und weich.

Zutaten

- 1 Fleisch der Avocado
- 2 EL öffeln Aloe Vera Saft
- 1/2 Teelöffel Zitronenkonzentrat

So wird es gemacht:

Fleisch der Avocado zerquetschen und mit den restlichen Zutaten vermischen.

Die Packung wird auf das gewaschene, feuchte Haar aufgetragen. Etwa 20 Minuten einwirken lassen und hundertprozentig mit lauwarmem Wasser abspülen.

Öl - Bananen Packung

Zutaten

- 1 reife Banane
- 1 EL Mandelöl

So wird es gemacht:

Banane zerdrücken und mit Öl durchmischen.

Mit dieser Paste die Kopfhaut einmassieren und nach ca. 15 Minuten das Haar hundertprozentig abspülen.

Tönungen

Rhabarberwurzeln für blondes Haar

Rhabarberwurzel hellt höchstens 1-2 Nuancen auf.

Kurze Harre

- 1 EL Rhabarberwurzeln gemahlen
- 1 EL abgekochtes Wasser

Mittellange Harre

- 2 EL Rhabarberwurzeln gemahlen
- 2 EL abgekochtes Wasser

Lange Harre

- min. 3 EL Rhabarberwurzeln gemahlen
- min. 3 EL abgekochtes Wasser

So wird es gemacht:

Gemahle Rhabarberwurzeln mit warmen Wasser zu einer Paste vermischen.

Die Paste wird auf das handtuchtrockene Haar mit Handschuhe aufgetragen. 10 Minuten einziehen lassen. Dann hundertprozentig ausspülen

Nicht bei Wasserstoffblonden und sehr hellen Haar /Strähnchen verwenden

Der Klassiker: Kamille für blondes Haar

Kamillenblüten oder Kamillenteebeutel mit kochendem Wasser übergießen

mindestens 10 Minuten ziehen lassen.

Diesen Sud auf den Haaren verteilen, einwirken und trocknen lassen.

Noch einfacher: Kamille Extrakt

Am einfachsten kann man die Haare mit fertig gekauftem Kamille Extrakt aufhellen.

Dieser wird in einer Konzentration von 5 - 10 % dem fertigen Endprodukt beigemischt. Eventuell Wassermenge um diesen Anteil reduzieren.

Shampoos - werden zu Farbglanzshampoos

Haarspülungen und Haarkuren - eignen sich durch längere Einwirkzeit besonders

Haarfestiger - ist besonders zu empfehlen, wenn die Haaransätze zusätzlich aufgehellt werden sollen.

Natürlich kann der Extrakt auch in gekaufte Haarpflegemittel gemischt werden.

Kaffee für dunkles Haar

Starken Kaffee kochen und diesen dann in das trockene Haar einreiben. Nach dreißig Minuten gründlich abspülen!

Walnuss für alle Haare

Zutaten

- 100 ml warmem Wasser
- 5 ml Walnuss Extrakt

Walnuss Extrakt püriert und mit warmem Wasser angemischt auf die Haare aufgetragen, blondem Haar bekommt einen dunkelgoldenen Schimmer dunklem Haar gesättigter Farbe.

Hennaextrakt für rote Haare

Rote Haare können mit Henna oder Hennaextrakt (siehe Kamille Extrakt) getönt bzw. gefärbt werden.

Haarspitzen

Haarspitzen Gel

Toll bei splissigen und spröden Haarspitze.

Zutaten

- 22 ml Kosmetisches Basiswasser
- 2 ml. Xanthan oder
- 9 ml.. Gelbildner PNC 400
- 5 ml. Weizenprotein
- 3 ml. D-Panthenol
- 75 g abgekochtes, handwarmes Wasser
- 6 Tr. äth. Öl, z.B. Rosenholzöl

So wird es gemacht:

In einem schließbaren Gefäß kosmetischen Haarwasser einfügen und Xanthan oder Gelbildner darin auflösen. Die übrigen Zutaten in diesem Gemisch beimischen, die Mischung in das Gefäß geben und sofort sehr gut schütteln. Fertig ist das Pflegegel.

Das Gel nach dem Waschen in die noch feuchten Haarspitzen einreiben.

Vor gebrauch schütteln.

Splisskur mit Henna

Wirkt effektiv gegen Spliss.

Zutaten

- ➢ 2-5 EL Henna (je nach Länge)
- ➢ 1 Eigelb
- ➢ 2 -3 EL Olivenöl
- ➢ 1 1/2 EL Avocado Öl

So wird es gemacht:

Henna, Eigelb, Olivenöl und Avocado Öl mit etwas Wasser zu einem Brei vermischen

Den Brei in die Haare einreiben und möglichst mit einer luftdichten (Plastik-) Haube und einem angewärmten Handtuch abdecken. 1/2 Stunde einwirken lassen und dann sehr gut abspülen.

Nicht bei blonden oder hellen Haar verwenden.

Haarwasser gegen juckende Kopfhaut

Zutaten:

- 100 ml Aloe Vera Saft
- 2 ml. Harnstoff
- 2ml. Pirocton Olamin
- 6 ml. Birken- oder Brennesselextrakt
- 13 ml. Rosmarin- oder Lavendelöl. Teebaumöl

So wird es gemacht:

Alle Zutaten vermischen und gut schütteln.

Styling

Festiger-Gel "Starkes"

Zutaten

- 3 ml. Gelbildner PNC 400
- 15 ml. Festigerpulver HF 64
- 21 ml Kosmetisches Basiswasser
- 3 ml. D-Panthenol
- 85 ml frisch abgekochtes und erkaltetes Wasser
- 4 Tr. ätherisches Öl oder Parfumöl

So wird es gemacht:

Für die Festigerlösung Gelbildner und Festigerpulver in Kosmetisches Basiswasser mischen. Die übrigen Zutaten im Wasser mischen und diese Mischung dann in die Festigerlösung unter ständigem Rühren einarbeiten.

Haarspray

Super einfach nicht!

Zutaten

- 100 ml kosmetisches Basiswasser
- 5-15 Ml. Festiger HF 37 je nach gewünschtem Halt

So wird es gemacht:

Beide Zutaten in die Spraydose geben und gut schütteln. Fertig ist das Haarspray!

Das ist wohl eins der einfachsten Rezepte - mit großer Wirkung.

Baden und Duschen

Badezusätze

Sahnebad

geschmeidig Hautpflege

Zutaten

- ➢ 60 ml Schlagsahne oder Milch
- ➢ 1 ½ EL Öl (z.B. Mandelöl, Olivenöl oder Walnussöl)
- ➢ Auf wunsch:
- ➢ 1 ½ TL Tensid oder herkömmlicher Badezusatz
- ➢ 11 Tr. ätherisches Öl (z.B. Lavendel)
- ➢ 1 EL Honig

So wird es gemacht:

Sahne in das Öl geben und gut rühren. Mit dem Badezusatz zu einer einheitlichen Masse rühren. Der Badezusatz kann auch weggelassen werden. Dann binden sich Sahne und Öl nicht so gut, bzw. es muss sehr kräftig gerührt werden.

Rückfettendes Schaumbad

Perfekt für Kinder besonders mit Lebensmittelfarbe.

Zutaten

- 30 g Betain
- 30 g Zetesol
- 8 g Fluid Lecitin Super
- 3 ml. Weizenprotein/Nuratin P
- 35 g Mandel-, Sonnenblumen-, Distel- oder ein sonstiges Öl
- 420 ml warmes, abgekochtes Wasser
- 2 Spritzer Zitronensäure Lösung oder Zitronensaftkonzentrat
- 27 g Rewoderm oder 4-5 g Guarkernmehl
- 1 bis 3 Tr ätherisches Öl oder Parfüm Öl (nicht bei Kindern verwenden)

So wird es gemacht:

Zetesol, Lecitin CM, Betain, Fluid Weizenprotein/Nuratin P und Öl gut vermischen und mit Wasser auffüllen.

Das Zitronensäure Lösung oder Zitronensaftkonzentrat hinzufügen, falls der Ph-Wert über 5 ist, weil ansonsten das Rewoderm nicht richtig andickt.

Rewoderm unter gemächlichen Rühren beifügen, damit es nicht klumpt.

Beispiele für Ölmischungen

Je nach Öl erhält man ein:

- Entspannungsbad (z.B. Bergamotte, Lavendel),

- Erkältungsbad (z.B. Rosmarin, , Salbei, Eukalyptus, Kiefernadel usw.),

- belebendes Bad (Rosmarin, Thymian - sehr sparsam!!), oder

- eins, das einfach nur gut riecht (Geranie und Zitrone bringen den Frühling ins Bad).

Duschzusätze

Öl - Pfleg

Dies ist ein sehr einfaches herzustellendes, das eindrucksvoll effektiv ist.

Zutaten

- 90 ml gutes Öl, wie Mandel-, Avocado-, Jojobaöl
- 8 ml Fluid Lecitin Super
- 3 ml. Vitamin E Acetat
- 21 Tr. äth. Öle nach Wahl

So wird es gemacht:

Anwendung: Nach dem Duschen oder Baden direkt auf die feuchte Haut geben und einreiben. Durch das Wasser, das noch auf der Haut ist, bildet sich eine Emulsion, was man daran erkennt, dass sich ein milchiger Film bildet.

Badesalz

Ein ausgezeichnetes Badesalz lassen sich kostengünstig herstellen und Ihrer Phantasie sind keine Grenzen gesetzt .

> **Zutaten**

> 110 g Salzgranulat
> 6Tr. ätherisches Öl
> 1-2 EL . getrocknete Blüten oder Kräuter

So wird es gemacht:

Zutaten in einem Behältnis vermischen

Folgende Öl-Kräutermischungen passen besonders gut zusammen; dem Ideenreichtum sind aber keine Grenzen gesetzt:

Erkältungsbad

Rosenöl oder Rosenholzöl/Rosenblüten

Lavendelblüten/ Lavendelöl

Zitronenöl/Jasminblüten oder Calendula/Ringelblmumenblüten (hier nur 2 Tr. Zitronenöl)

Menthol

Massage

Massageöl gegen Cellulite

Zutaten

- ➢ 3 Handvoll frische Efeublätter in
  - ➢ 1 Liter Weizenkeimöl

So wird es gemacht:

Zutaten in einem Behälter vermischen und 2 -3 Wochen ziehen lassen, am besten an einem Warmen Ort. Dann Abseihen .

Das Öl auf ca. 37 Grad erwärmen und zwei EL öffel Honig darin verrühren. Abkühlen lassen und in kleine Fläschchen füllen.

Sonnenkosmetik

Erfrischung

Body Splash

Einfach und sehr wirksam

Zutaten

- 100 ml Rosenwasser - oder Orangenblüten
- 1 Sprayflasche, 100 ml

So wird es gemacht:

in eine 100 ml fassende Sprühflasche geben. –

Das war's!

Fußspray mit Menthol

Eine Wohltat für heiße und strapazierte Füße.

Zutaten

- 75 ml Kosmetisches Basiswasser
- 7-11 Mentholkristalle (je ca. 1 x 0,3 cm)
- 35 ml abgekochtes und erkaltetes Wasser, oder Rosenwasser
- 16 Tr. ätherisches Rosmarinöl
- 1 Sprayflasche, 100 ml

So wird es gemacht:

In den Kosmetischen Basiswasser die Mentholkristalle vor lösen und mit Wasser vermischen. Äth. Öl mischen und dazugeben. Alles in Sprühflasche füllen und schütteln.

Vor gebrauch immer Schütteln.

Anwendung:

Füße nach Belieben mit diesem Spray einsprühen.

Sonnenschutz

Sonnenschutz Rezepte
Mineralische Sonnenschutz Lotion, LSF 15-20

Das Ergebnis ist verblüffend: Eine schöne Bräune trotz recht hohem Licht Schutz Faktor.

Praktisch bei viel Körperbehaarung und für Kinder geeignet

Zutaten

Für Phase A:

- 6 g Tegomuls
- 2 g Shea Butter oder Kakaobutter
- 4 g Fluid Lecitin Super
- 11 g Jojobaöl
- 5 g Sesam-, oder Sonnenblumenkernöl

Sonnenschutz:

- 13 g. SoFi Tix oder SoFi Tix Breitband (für höheren Schutz)
- 75 g abgekochtes, auf ca. 64-67 °C erkaltetes Wasser

Wirkstoffe:

- 3 ml Vitamin E Actetat
- 5 ml Aloe Vera 10 fach
- 2 ml. D-Panthenol 75%
- 16 Tr. Meristem Extrakt 1% (
- 11 Tr. Alpha Bisabolol
- 11 Tr. Carotin/Karotten Öl/Pro Vit
- 4 Tr. Kokosöl für den Karibik-Duft, oder anderes äth. Öl

Konservierung: 14 Tr. Paraben K

So wird es gemacht:

Die Zutaten der Phase A im Wasserbad schmelzen, auf 64-67 °C erhitzen und dann SoFi Tix oder SoFi Tix Breitband in die Phase A beimischen, sehr gut verrühren und wieder erwärmen.

Wasser in die Phase A geben und gut mischen, danach auch die übrigen Substanzen bei handwarmem hinzufügen.

Haltbarkeit 2-3 Monate

Wasserfeste W/O Sonnencreme LSF ca. 7/8

Da wir auf unnötige Chemie verzichten muss man sich dem Schwimmen / Baden mit Duschgel/Seife abwaschen.

Zutaten

Für Phase A:

- 4 g Emulsan II
- 3 g Fluid Lecitin Super
- 27 g Jojobaöl

Sonnenschutz:

- 5 ml Parsun
- oder 8 g SoFi Tix
- oder 8 g SoFi Tix Breitband
- 40 g Wasser
- 3 ml. Vitamin E Actetat
- 11 Tr. Alpha Bisabolol
- 11 Meristem Extrakt 1%
- 3 ml. D-Panthenol 75%
- 3 Tr Kokosöl für den Karibik-Duft, oder anderes äth. Öl

Konservierung: 9 Paraben K

So wird es gemacht:

Die Zutaten der Phase A im Wasserbad schmelzen, auf 64-67 °C erhitzen und dann SoFi Tix oder SoFi Tix Breitband in die Phase A beimischen, sehr gut verrühren und wieder erwärmen.

Wasser in die Phase A geben und gut mischen, danach auch die übrigen Substanzen bei handwarmem hinzufügen.

Haltbarkeit 2-3 Monate

Ölige - Gel

Zutaten

- 51 g Sesam-, oder Sonnenblumenöl
- 51 g Jojobaöl
- 6 g Ceralan
- 4 Tr. Kokosöl für den Karibik-Duft, oder anderes äth. Öl
- Sonnenschutz:
  - 5 ml Parsun
  - oder:
  - 5 ml SoFi Tix
  - oder:
  - 5 ml SoFi Tix Breitband
-

So wird es gemacht:

Ceralan mit Öl leicht erwärmen, bis es sich vollständig aufgelöst hat. Sonnenschutz sehr gut beimischen. Für SoFi Tix und SoFi Tix Breitband nimmt man am besten ein Handrührgerät, damit sich die Pulver gut verteilen.

Haltbarkeit 6 Monate

After Sun

Aloe Vera Spray

Nach einem Sonnenbad und leichten Sonnenbränden pflegt ist Aloe Vera super brauchbar. Einfach in eine Sprühflasche geben und die Haut nach dem Sonnenbad einsprühen. Der Saft pflegt und beruhigt die Haut.

After Sun Spray ohne Öl

Zutaten

- 45 ml abgekochtes und erkaltetes Wasser
- 7 ml Aloe Vera 10 fach
- oder insgesamt
- 50 ml Aloe Vera Saft
- 3 ml. D-Panthenol
- 21 Tr. Calendula- oder Meristem Extrakt
- 1 Msp. Allantoin
- Konservierung: 3 ml Alkohol
- Oder 6 Tr. Paraben K :

Haltbarkeit 2-3 Monate

So wird es gemacht:

Allantoin in Wasser auflösen, mit restlichen Zutaten vermischen und in die Sprühflasche füllen.

Pflegende After Sun Lotion

Pflegt und erfrischt die Haut nach dem Sonnenbad.

Zutaten

Für Phase A:

- 6 g Cetylalkohol (zuerst in Öl lösen)
  - 13 g Sesamöl
  - 5 g Kokosöl
  - 5 g Emulsan

Für Phase B:

- 80 g Aloe Vera Saft
- Wirkstoffe:
- 3 ml D-Panthenol
- 3 ml Vitamin E Acetat
- 3 ml Squalan
- 11 g Alpha Bisabolol
- 11 Tr. Sanddorn-Fruchtfleischöl
- 11 Tr. Silkprotein (Seidenprotein)
- 2 Tr. Lavendelöl

Konservierung: 13 Tr. Paraben K (3 Monate)

oder

12 Tr. Grapefruitkernextrakt und

12 Tr. Rokonsal.

So wird es gemacht:

Zuerst den Cetylalkohol im Öl bei 64-67 °C lösen, dann die restlichen Stoffe der Phase A einmischen.

Achtung: Aloe Saft ist sehr wärme empfindliche, deswegen langsam unter Dauerndem Rühren auf 64-67 °C anwärmen

Ebenso heißen, Aloe Vera Saft unter ständigem Rühren einrühren. Bei Handwärme die restlichen Zutaten der Phase B hinzugeben.

Haltbar ca. 2-3 Monate.

After Sun Öl

Zutaten

- 90 ml gutes Öl, wie Avocado- Mandel-, Weizenkeim-, oder Jojobaöl
- 8 ml Fluid Lecitin Super
- 3 ml. D-Panthenol
- 17 Tr. äth. Lavendelöl (beruhigt die Haut)

So wird es gemacht:

Alle Zutaten gut vermischen.

Anwendung: Nach dem Baden oder Duschen direkt auf die feuchte Haut geben und einmassieren. Es bildet sich ein pflegender milchiger Film.

Selbstbräuner

Erfrischende Selbstbräunungscreme

Zutaten

Für Phase A:

- 12 g Emulsan II
- 33 g Sesam-, Jojoba- oder Sonnenblumenöl

Für Phase B::

- 95 ml Wasser
- 3 ml. Allantoin
- Zusatzstoffe:
- 35 ml abgekochtes, erkaltetes Wasser
- 9 g DHA (Dihydroxyaceton)
- 21 Tr. Aloe Vera 10 fach
- 7 Tr. äth. Öl nach Wahl

Konservierung: 19 Paraben K

So wird es gemacht:

Zuerst den Cetylalkohol im Öl bei 64-67 °C lösen, dann die restlichen Stoffe der Phase A einmischen.

Achtung : Aloe Saft ist sehr wärme empfindliche, deswegen langsam unter Dauerndem Rühren auf 64-67 °C anwärmen

Ebenso heißen, Aloe Vera Saft unter ständigem Rühren einrühren. Bei Handwärme die restlichen Zutaten der Phase B hinzugeben und vermischen. Danach DHA in ein wenig kaltem Wasser lösen und die restlichen Wirkstoffe einfügen.

Haltbar ca. 2-3 Monate.

Lippenpflege ohne Chemie

Lippenpflegestift Sunblocker

Zutaten

- 7 Jojobaöl
- 3 g Bienenwachs
- 1-2 g Shea Butter
- 6 Tr. Vitamin E
- 3 g SoFi Tix Breitband (Sunblocker)

oder

- 3 g SoFi Tix

oder

- 3 g Parsun (normaler Schutz)

So wird es gemacht:

Alle Zutaten auflösen am ende Vitamin E und SoFi Tix beimischen und sehr gut mischen, bis die Masse dickflüssig wird. Dann in die Lippenpflegestifthülsen füllen.

Fester Lipgloss mit Sonnenschutz

Zutaten

- 36 g Rizinusöl
- 2 g Bienenwachs
- 2 g Carnaubawachs
- 15 Tr. Vitamin E
- 3 g Parsun (normaler Schutz)
- 8 Msp. Pigmente (Perlglanz oder "normale")

So wird es gemacht:

Bienenwachs, Rizinusöl und Carnaubawachs schmelzen und Parsun sowie die restlichen Zutaten einmischen.

Ergibt ca. 7-8 Lipglosse a 5g.

Abfüllen in kleine Döschen.

Im Kühlschrank ist es ca. 4-5 Monate haltbar.

Flüssiger Lipgloss Roll-On mit Sonnenschutz

Zutaten

- 36g Rizinusöl
- 15 Tr. Vitamin E
- 3 g Parsun (normaler Schutz)
- 8 Msp. Pigmente (Perlglanz oder "normale")

So wird es gemacht:

Rizinusöl leicht erwärmen und Parsun sowie Vitamin E unterrühren.

Ergibt ca. 7-8 Lipglosse a 5g.

Abfüllen in spezielle Lipgloss Roll-Ons.

Im Kühlschrank ist es ca. 4-5 Monate haltbar.

Fester Lipgloss

Zutaten

- 36 g Rizinusöl
- 2 g Bienenwachs
- 2 g Carnaubawachs
- 15 Tr. Vitamin E Acetat
- 8 Msp. Pigmente (Perlglanz oder "normale")

So wird es gemacht:

Bienenwachs, Rizinusöl und Carnaubawachs verschmelzen. Kurz vor dem Fest-Werden Vitamin E Acetat untermischen.

Ergibt ca. 7-8 Lipglosse a 5g.

Abfüllen in kleine Döschen.

Ergibt ca. 7-8 Lipglosse a 5g.

Abfüllen in spezielle Lipgloss Roll-Ons.

Im Kühlschrank ist es ca. 4-5 Monate haltbar.

Flüssiger Lipgloss

Zutaten

- 36 g Rizinusöl
- 15 Tr. Vitamin E Acetat
- 8 Msp. Pigmente (Perlglanz oder "normale")

So wird es gemacht:

Rizinusöl mit dem Vitamin E Acetat verrühren.

Jetzt Pigmente einmischen.

Dieses Rezept ergibt ca. 7 Lipglosse à 5 g.

Abgefüllt wird dieser flüssige Lipgloss in spezielle Lipgloss Roll-ons.

Tipp: Diese Rezepte können auch mit dem Sonnenschutz hergestellt werden. Die Rezepte finden sich HIER.

Haarpflege

Sonnenschutz Haarspray

Ein Haarspray für außergewöhnlichen Herausforderungen, fester Halt und Sonnenschutz für die Haare.

Zutaten

- 4 g SoFi Tix
- 15 ml Wasser
- 95 ml kosmetisches Basiswasser
- 5-10 ml. Festiger Lösung HF 37 je nach gewünschtem Halt
- 1 Sprayflasche, 100 ml

So wird es gemacht:

SoFi Tix in einem Teil der kosmetisches Basiswasser gut verrühren und mit der Festiger Lösung in die Sprayflasche geben und gut schütteln. Fertig ist das Haarspray!

Vor gebrauch Schütteln.

Schminke
Make-Ups

Grundrezept Pigmentpaste

Zutaten

- 6 g Ceralan
- 3 g Fluid Lecithin Super
- 6 g Pigmentmischung nach Geschmack
- 6 g Jojobaöl

So wird es gemacht:

Fluid Lecithin und in Super Ceralan ein kleines Becherglas geben im Wasserbad auflöse. Pigmentmischung beifügen und alles gut durchmischen, bis sich eine einheitliche Masse bildet.

Jetzt das Jojobaöl hinzufügen und alles sehr gut mischen, bis die Masse wieder einheitlich ist. Dies kann dauern, Geduldig sein.

Diese Paste wird dann in der Phase A der Make-Up Basis verwendet.

Haltbar bis zu 12 Monate im Kühlschrank

Deckende Pigmentpaste

Zutaten

- 6 g Ceralan
- 3 g Fluid Lecithin Super
- 3 g (5MEL .) Pigmentmischung A oder B
- 3 g Titanoxid (je mehr, desto deckender)
- 6 g Jojobaöl

So wird es gemacht:

Fluid Lecithin und in Super Ceralan ein kleines Becherglas geben im Wasserbad auflöse. In einem estra gefäß Pigmentmischung und Titanoxid gut vermischen. Beide Massen gut durchmischen, bis sich eine einheitliche Masse bildet.

Jetzt das Jojobaöl hinzufügen und alles sehr gut mischen, bis die Masse wieder einheitlich ist. Dies kann dauern, Geduldig sein.

Make-Up

Deckendes Make-Up

Zutaten

Für Phase A:

- 11 g Jojobaöl
- 5 g Calendulaöl
- 5 g Cetylalkohol (zuerst in Öl lösen)
- 6 g Emulsan
- 11 g deckende Pigmentpaste (siehe Grundrezept Pigmentpaste)
- 5 ml Gummi Arabicum
- 3 ml Glycerin
- 3 ml. Maisstärke
- 70 g Wasser für die Wasserphase oder Blütenwasser
- 2 ml D-Panthenol
- 6 Tr. äth. Öl nach Wahl

Konservierung: 11 Tr. Paraben K

So wird es gemacht:

Für die Phase A Cetylalkohol im Öl auflösen, danach Emulsan darin lösen und die Pigmentpaste hinzugeben. Wasser auf 64-67 °C erhitzen und Wasser unter ständigem Rühren die Phase A beimischen. Bei Handwärme die weiteren Zusatzstoffe hinzufügen.

Haltbar 2-3 Monaten

Getönte Tagescreme

Diese Creme für trockene Haut oder reife geeignet.

Zutaten

Für Phase A:

- 9 g Emulsan
- 2 g Fluid Lecithin Super
- 15 g Jojobaöl
- 3 g Shea Butter
- 6 g Pigmentpaste (siehe Grundrezept Pigmentpaste)

Für Phase B:

- 35 g Wasser für die Wasserphase oder Blütenwasser
- 2 ml D-Panthenol
- 6 Tr. äth. Öl nach Wahl

Konservierung: 9 Tr. Paraben K

So wird es gemacht:

Für die Phase A Emulsan im Jojobaöl schmelzen, danach Shea Butter und Fluid Lecithin Super darin lösen und die Pigmentpaste hinzugeben. Wasser auf 64-67 °C erhitzen und Wasser unter ständigem Rühren in die Phase A einrühren. Bei Handwärme die restlichen Stoffe vermischen.

Haltbar 2- 3 Wochen im Kühlschrank

Mascara und Eyeliner

Selbstgemache nicht wasserfest allerdings sehr wischfest und hält super. Dafür ist sehr Natürlich

Zutaten

Für Phase A:

- 4 g Emulsan
- 1 g Bienenwachs (optional)
- 6 g Rizinusöl
- Für Phase B:
- 13 g Wasser
- 3 ml Gummi Arabicum
- 6 Tr. D-Panthenol
- 11 Tr. Glycerin
- 5 g Pigmente schwarz oder braun, evtl. auch Perlglanzpigmente

Konservierung: 30 Tr. Grapefruitkernextrakt/Rokonsal oder Paraben K.

So wird es gemacht:

Zuerst den Emulsan im Öl bei 64-67 °C lösen, dann die restlichen Stoffe der Phase A einmischen.

Ebenso heißes, abgekochtes Wasser unter ständigem Rühren einrühren. Bei Handwärme erst das Gummi Arabicum einmischen und etwas ruhen lassen, damit es quellen kann. Danach die restlichen Zutaten der Phase B hinzugeben.

Die Creme wird erst beim Kaltrühren cremig!

Haltbar ca. 2-3 Monate.

Puder und mehr

Grundrezept Gesichtspuder

Zutaten

- 9 g Talkum (gemahlener Speckstein)
- 6 g Titanoxid
- 5 ml Pigmentmischung nach Geschmack.
- 4 ml Magnesiumstearat
- 3 ml Jojobaöl
- 2 Tr. Rosenöl, oder anderen Lieblingsduft

So wird es gemacht:

Talkum, Titanoxid, Pigmentmischung und Magnesiumstearat in ein verschließbares Gefäß geben und gut vermischen (Schütteln)

Dann Rosenöl l und Jojobaö in einem Mörser gut durchmischen. Nach und nach zur Ölmischung ein wenig Pudermischung hinzufügen und immer gut mischen. Sobald sich ein Püree gebildet hat, wieder Pudermischung hinzufügen, bis diese ganz verbraucht ist und ein loser Puder entstanden ist.

Wenn alles gut durchmischt ist, wird der fertige Puder in ein Verschließbares Döschen füllen und mit einer Löffelunterseite festdrücken. Aufgetragen wird er mit einem Kosmetikpinsel. Man kann ihn auch als losen Puder verwenden.

Rouge

6 g Pudermischung (siehe Grundrezept Gesichtspuder)

1 Msp. Rotbraune Pigmente oder andere Pigmente nach Wahl

So wird es gemacht:

Pigment mit ein Mörsern und gut vermischen.

Lidschatten in erdigen Tönen

Pastellfarbener Lidschatten

Zutaten

- 9 g Talkum
- 3 bis 6 g Titandioxid (je mehr, desto deckender)
- 2 g Pigmentmischung nach Geschmack
- 3 ml Perlglanzpigmente nach Wahl
- 4 ml Magnesiumstearat
- 3 ml Jojobaöl
- 2 Tr. Rosenöl, oder anderer Lieblingsduft

So wird es gemacht:

Talkum, Titanoxid, Pigmentmischung und Magnesiumstearat in ein verschließbares Gefäß geben und gut vermischen (Schütteln)

Dann Rosenöl I und Jojobaö in einem Mörser gut durchmischen. Nach und nach zur Ölmischung ein wenig Pudermischung hinzufügen und immer gut mischen. Sobald sich ein Püree gebildet hat, wieder Pudermischung hinzufügen, bis diese ganz verbraucht ist und ein loser Puder entstanden ist.

Wenn alles gut durchmischt ist, wird der fertige Puder in ein Verschließbares Döschen füllen und mit einer Löffelunterseite festdrücken. Aufgetragen wird er mit einem Kosmetikpinsel. Man kann ihn auch als losen Puder verwenden.

Kinder- und Karnevalsschminke

Ohne Chemie und Tierversuche

Schnelle Perlglanz Schminkcreme

Schnell gemacht aber nicht Wasser und nicht ganz so Wischfest aber ohne Chemie

Als Richtwert kann man 5-10% des Cremevolumens an Perlglanzpigmenten verwenden. Pigmente einfach gut in die Creme einrühren, fertig.

Grundrezept der Calendula Creme für junge und empfindliche Haut, ist eine Super Grundlage.

Zutaten

Für Phase A:

- 5 g Emulsan
- 14 g Mandelöl
- 5 g Cetylalkohol (zuerst in Öl lösen)
- Für Phase B:
- 65 g Wasser für die Wasserphase
- 2 ml. D-Panthenol 75%

Wirkstoffe, um die Schminke wischfest und elastisch zu machen:

> ➤ 13 ml Gummi Arabicum
> ➤ 7 ml. Glycerin
> ➤ 8 ml. Perlglanzpigmente

Konservierung sollte man verzichten und nur einmalig anwenden

Mit diesem Rezept erhalten Sie ca. 84 ml. Aufgeteilt in 4 Portionen à 21 g können 4 Farben hergestellt werden. Pro 21 g geben Sie ca. 10 g bis 20 g Perlglanzpigmente dazu. Am besten nach und nach beimischen und immer wieder die Farbstärke testen. Bis sie Ihren Wunschfarbton haben.

So wird es gemacht:

Zuerst den Cetylalkohol im Öl bei 64-67 °C lösen, dann die restlichen Stoffe der Phase A einmischen.

Ebenso heißes, abgekochtes Wasser unter ständigem Rühren einrühren. Bei Handwärme die restlichen Zutaten der Phase B hinzugeben. Als letztes die Pigmente beifügen.

Wichtig: Glycerin und Gummi Arabicum müssen zusammen verwendet werden, da die Creme durch das Gummi Arabicum zwar wischfest wird, aber einen leichten Film bildet, was durch das Glycerin elastisch gehalten wird.

Schnelle Schminke mit normalen Pigmenten

Auch gewöhnliche (Ed-)Pigmente können in fertigen Cremes verarbeitet werden. Diese müssen mit der Creme mit einem Mörser verrieben werden, ein vermischen ist ungenügend.

1.Msp Pigment nach Wahl auf 20 g Creme verwenden, verreiben, erproben und evtl. Menge steigern.

Hinweis: Da die normalen Pigmente sehr farbintensiv sind, sollten sie nicht mit der Kleidung in Kontakt kommen, da sie abfärben könnten. Bei zu starker Dosierung kann es vorkommen, dass die Farbe schwer zu entfernen ist.

Ocker ergibt Gelb

Titandioxid ergibt weiße

Schminkstifte

Als Hüllen kann man besonders gut dicke Strohhalme verwenden. Diese können sogar wie ein Stift angespitzt werden. Man kann natürlich auch die Lippenpflegestifthülsen verwenden.

Es gibt zwei Arten, die Stifte zu befüllen:

Wer Strohhalme gebraucht, kann die Masse auch mit dem Mund ansaugen. Dann anspitzen und fertig ist der Stift.

Perlglanzstifte

Das folgende Rezept reicht für ca. 8-9 mittelgroße Schminkstifte, die in den verschiedensten Farben hergestellt werden können.

Zutaten

- 40 g Rizinusöl
- 4 g Carnaubawachs
- 7 g Bienenwachs
- 13 Tr. Vitamin E Acetat
- 7-8 g Pigmente
- 3-6 ml. Perlglanzpigmente

So wird es gemacht:

Als Erstes den Carnaubawachs im Öl auflösen. Dann das Bienenwachs schmelzen, alles etwas abkühlen lassen, und Vitamin E Acetat sowie Pigmente hinzugeben, gut mischen und in die Stifte füllen.

Haltbarkeit 12 Monate

Schminkstifte mit "normalen" Pigmenten

Das folgende Rezept reicht für ca. 7-8 mittelgroße Schminkstifte, die in den verschiedensten Farben hergestellt werden können.

Zutaten

- 28 g Rizinusöl
- 4 g Carnaubawachs
- 7g Bienenwachs
- 11 Tr. Vitamin E Acetat
- 6-7 g Pigmente
- 3 - 6 ml. "normale" Pigmente

So wird es gemacht:

Als Erstes den Carnaubawachs im Öl auflösen. Dann das Bienenwachs schmelzen, in den Mörser füllen und Vitamin E Acetat sowie Pigmente hinzugeben und jetzt gut mörsern.

Jetzt alles noch einmal im Wasserbad schmelzen und dann die Stifte befüllen

Haltbarkeit 12 Monate

Glitzerndes Festiger-Gel

Wer liebt keine Farbige Haare.

Glitzerndes Festiger - Gel

Zutaten

- 3 ml. Gelbildner PNC 400
- 5 ml –16ml. Festiger Pulver HF 64
- 21 g Kosmetisches Basiswasser
- 85 g frisch abgekochtes, erkaltetes Wasser
- 3 ml D-Panthenol 75%
- 2-3 Tr. ätherisches Öl
- 3 ml. Perlglanz Pigmente Gold oder Silber

So wird es gemacht:

Festiger Pulver HF 64 in Gelbildner PNC 400 und Kosmetischem Basiswasser lösen. Die übrigen Stoffe in einem eigenen Gefäß mit Wasser mischen. Beide Mischung unter ständigem Rühren in ein Gefäß vermischen.

Buntes Haarspray

Zutaten

- 55 ml Kosmetisches Basiswasser
- 3-8 ml. Festiger HF 37, je nach gewünschtem Halt
- 3-6 ml. Perlglanzpigmente

So wird es gemacht:

Festiger und Basiswasser in die Spraydose geben, gut schütteln und dann die Pigmente nach und nach beifügen (Farbintensität testen!).

Vor gebrauch Schütteln

Hausapotheke

Es gibt einige Beschwerden im alltag, die gemildert werden können, ohne dass direkt Arzneimittel der Pharmaindustrie direkt verwenden muss.

Bevor Sie die Nachfolgenden Vorschläge verwenden halten Sie Rücksprache mit Ihrem Arzt und Apotheker ich haftet für keine nachteiligen Auswirkungen, die in einem direkten oder indirekten Zusammenhang mit den Informationen dieses Ratgebers stehen.

Mückenschutz

Kokosöl:

Kokosöl ist sehr gut verträgliche Mückenschutz und als reines Öl auch für den Nachwuchs geeignet. Bei Zimmertemperatur ist das Öl fest, so kann es super dosiert werden kann. Neben dem Mückenschutz wird auch die Haut gepflegt. Am einfachsten kann man das Kokosöl pur auftragen. Eine gute Variante kann auch mit einer Creme mit Kokosöl erreicht werden.

Selbstgemachtes Anti-Mückenspray

Zutaten

eine Sprühflasche
- 22 ml Kosmetisches Basiswasser
- 22 Tr. ätherisches Öl Zitroneneukalyptus
- 22 Tr. ätherisches Öl Lavendel
- 84 ml abgekochtes, erkaltetes Wasser

Als Öl kann auch Citronella, Nelke, Teebaumöl Testen.

Die Öle im kosmetischen Basiswasser vermischen, die Mischung mit dem Wasser aufschütten, in eine Sprühflasche füllen.

Vor Gebrauch gut

Spitzwegerich Extrakt statt Wasser:

Zutaten

eine Sprühflasche

- 1 ½ Hand voll Spitzwegerich
  - 110 ml Wasser

Spitzwegerich in einem Rührgefäß klein machen, Das Wasser aufkochen und mit diesem Wasser übergießen, dann mit einem Passierstab mixen und 10 Minuten ziehen lassen. Die Mischung abseihe (z.B. mit einen Kaffeefilter), abkühlen lassen in eine Sprühflasche füllen.

Vor Gebrauch gut

„Erste Hilfe" bei Stichen:

Am besten helfen bei Mückenstichen wärme aber Achtung Verbrennungsgefahr. Im handel gibt es dazu ideale Geräte die einem keinen schaden zufügen aber gegen das Jucken helfen. Kleinkinder dulden diese Geräte meist nicht.

Kälte kann bei sehr starken Schwellungen kann auch helfen- Am besten verwendet man dann Quark zum kühlen.

Unser geheim Rezept bei Stichen

Heilerde:

Zutaten

- ➢ 1 TL Salzsohle
- ➢ 1 TL Heilerde

Beides gut Vermischen und auf den Stich auftragen.

Desinfektion:

Offen Hautstellen z. B. das Aufkratzen der Haut, sollte man mit bei Jugendlichen oder Erwachsenen mit etwas Alkohol mit einen Sterilen bzw. Keimarmen Tupfer abtupfen. Bei Kindern lassen Sie sich bitte in der Apotheke beraten.

Nasenpflege

Grundrezept Salzsohle

Zutaten

- 100 g Kochsalz
- 250 ml abgekochtes Wasser

Wasser in einen durchsichtigen Behälter geben und mit dem Salz anreichern. Es ist genügend Salz im Wasser, wenn am Boden des Behälters ein wenig Salz sichtbar liegt. Die fertige Sohle in ein Dunkles Fläschchen füllen.

Nasenspray

Zutaten

- 10 ml Wasser
- 7-8 Tropfen Salzsohle
- 5 Tr. Aloe Vera 10 fach

gereinigte Nasensprayflasche

Alles in die Nasensprayflasche geben gut schütteln und fertig.

Vor gebrauch schütteln.

Haltbarkeit 2 Tage

Zahnfleischgesundheit

Die Wunderwaffe Schwarzkümmelöl

Mundspülung

Man nimmt also ca. 1 EL öffel des Schwarzkümmelöls und spült es so druch den Mund und um die Zähne Mehr als 3, aber auch gerne 10 Minuten.

Das Öl nicht Schlucken und nach der Pflege gut mit Handwarmen was ausspülen.

Öl-Gel für die Zahnbürste

Zutaten

- 60 ml Schwarzkümmelöl
- 5 g Ceralan

Schwarzkümmelöl anwärmen und Ceralan zufügen darin auflösen. Schäumt nicht so wie Kaufbare Gele.

Kombination mit Zahnpasta

Teten Sie es einmal mit Ihrer Zahnpasta, erst das Gel auf die Bürste und dann Zahnpasta darauf und ganz normal Zahnbürsten. Super für Ihre Zähne und Zahnfleisch.

Husten Saft

Honig Gabe immer bei Klein Kindern mit dem Arzt absprechen.

Essig-Honig Saft

Zutaten

- 1,5 EL Honig
- 1 Glas (warmes) Wasser
- 1 Teelöffel Apfelessig

In das Lauwarme Wasser alles gut einmischen. Schluck für Schluck das Lauwarme Wasser trinken. Es bewirkt Wunder.

Zwiebel-Sirup

Zutaten

- 3 Zwiebeln
- 300 ml Wasser
- 2 EL Blütenhonig
- 2 EL Tannenhonig

Zwiebel nicht schälen, sehr gut reinigen und in Scheiben schneiden. Jetzt im Wasser 10-15 Minuten mit dem Blütenhonig köcheln bis es zu einer Konsistenz wie Sirup hat. Jetzt durch einen Kaffee- oder Teefilter filtern. Wenn die Flüssigkeit Handwarm ist den Tannenhonig im Wasser auflösen.

Thymian-Tee

Zutaten

- 1,5 TL Thymianblätter
- 300 ml heißes Wasser

Blätter mit heißem Wasser 5 Minuten ziehen lassen, dann abseihen.

Stärkt Herz und Kreislauf.

Zutaten

- 2 TL Weißdornblüten
- 250 ml heißes Wasser

Blüten in Heißes Wasser geben 15-20 Minuten ziehen lassen und filtern. Schmeckt gut mit Honig

Ohrenschmerzen

Zutaten

- 1 Zwiebel
- 1 Baumwolltaschentuch
- 1 Stirnband oder 1 Wollschal

Zwiebel hacken und in Taschentuch geben. Jetzt auf Körpertemperatur erwärmen, am beten im Wasserbad (Gefülltes Taschentuch in eine kleine Schüssel geben diese Schüssel in warmen Wasser anwärmen.

30 Minuten auf das scherzende Ohr legen.

2-3 am Tag Wiederholen.

Blähungen

Zutaten

- 300 ml heißes Wasser
- 2 TL Kümmelsamen
- 1 Mörser
- 1 Teeei

Samen in einem Mörser Zerstoßen. 10 Minuten in einem Teeei ziehen lassen. 2-3 am Tag Wiederholen.

Abkürzungsverzeichnis

Gramm	=	g
Teelöffel	=	TL
Eßlöfel	=	EL
Milliliter	=	ml
Tropfen	=	Tr.
Messerspitze	=	Msp

Rechtliches

Für Fragen und Anregungen:

info@rdw-traders-club.de

BUCHTITEL

Naturkosmetik selber manchen

125 Simple Rezepte zum Kosmetik Selbermachen, dies spart Geld, schont die Tiere und die Umwelt.

Autor.: Lara Schön

Auflage,1   JAHR 2018

© by Lara Schön

Herausgeber dieses Buches ist

VERLAG: Rock die Wellen Traders Club

ADRESSE: An der Brenzbahn 6

PLZ, 89073 **ORT**, ULM

Ansprechpartner Rose, Marcus

Steueridentifikation: USt-IdNr.:   DE306394148

Copyright © 2018 by M. Rock - alle Rechte vorbehalten
Alle Rechte vorbehalten. Alle Texte, Textteile, Grafiken, Layouts sowie alle sonstigen schöpferischen Teile dieses Werks sind unter anderem urheberrechtlich geschützt. Das Kopieren, die Digitalisierung, die Farbverfremdung, sowie das Herunterladen z.B. in den Arbeitsspeicher, das Smoothing, die Komprimierung in ein anderes Format und Ähnliches stellen unter anderem eine urheberrechtlich relevante Vervielfältigung dar. Verstöße gegen den urheberrechtlichen Schutz sowie jegliche Bearbeitung der hier erwähnten schöpferischen Elemente sind nur mit ausdrücklicher vorheriger Zustimmung des Autors zulässig. Zuwiderhandlungen werden unter anderem strafrechtlich verfolgt!

Lektorat & Korrektorat:

RDW – Traders CLUB**Cover**: Germancreative (https://www.fiverr.com/germancreative)

ISBN: 9781790386932

Bilder: werden ausschließlich von https://pixabay.com/ verwendet

Druckerei:

Amazon Media EU S.à r.l., 5 Rue Plaetis, L-2338, Luxembourg

Disclaimer

<u>Bevor Sie Hausapotheken Rezepte verwenden halten Sie Rücksprache mit Ihrem Arzt und Apotheker</u>

<u>-Alle Inhalte dieses Ratgebers wurden nach bestem Wissen und Gewissen verfasst und nachgeforscht. Allerdings kann keine Gewähr für die Korrektheit, Ausführlichkeit und Vollständigkeit der enthaltenen Informationen gegeben werden. Der Herausgeber haftet für keine nachteiligen Auswirkungen, die in einem direkten oder indirekten Zusammenhang mit den Informationen dieses Ratgebers stehen.</u>

www.ingramcontent.com/pod-product-compliance
Lightning Source LLC
Chambersburg PA
CBHW030648220526
45463CB00005B/1690